図解でわかる！

歴史、構造から戦い方まで！
"海の最強兵器"を詳解

白石 光
おちあい熊一 著

空母のすべて

ONE PUBLISHING

※本書は、2018年9月に学研プラスより刊行されたものです。

はじめに

「航空母艦」とは？　と問われて、みなさんの頭に浮かぶのはどんなイメージでしょうか。軍艦や戦史に詳しい方であれば、航空母艦ならではの具体的な機能や、有名な艦の名前などがすぐに思い浮かぶことでしょう。

　あるいは「平べったい甲板の上に飛行機をたくさん並べた船」といった印象をお持ちの方や、「最近、日本も航空母艦を持とうとしている」といった時事情報をご存知の方も、数多くいらっしゃると思います。

　日本語で「航空母艦」と称される艦種は、英語圏では「Aircraft Carrier」と呼ばれます。どちらも「飛行機をたくさん積んだ軍艦」であることが読み取れる名称といえましょう。また、英語圏では俗称で「Flattop」、つまり「角刈り」とも呼ばれます。これは、頭の頂部を平らに刈りこむヘアー・スタイルを、空母の真っ平らな飛行甲板に見立てての渾名です。

　ちなみに日本では、航空母艦を略して「空母」と呼ぶのが広く一般に定着しています。ですから本書の文中では、主に空母という言葉を使わせていただきます。

　兵器の歴史の中で、人類は「船」「銃砲」「航空機」の順で発明してきました。ゆえに「航空機をたくさん積んだ軍艦」である空母は、これら基本的な兵器が全て出揃ってから登場した、かなり新しい「海の兵器」ということになります。

　しかしそれが海戦の主役へ、そして海洋戦略に欠くべからざる存在へと成長するに至る進化の過程は、軍艦としての歴史が浅い分だけ、かえって急速で劇的でした。というよりも、空母に搭載される航空機──艦上機と呼びます──の進歩が速かったため、それを「載せる」空母の進歩も、追い付かなければならなかったからです。

　言うまでもないことですが、空母の「武器」は艦上機です。これがたとえば戦艦なら、その武器は巨砲です。そしてもし当該の巨砲が旧式化してしまった場合、砲を換装するという選択もありますが、それよりも新しい戦艦を造ったほうが手間やコストの面で有利なため、「次世代の戦艦」を建造することになります。

　ところが空母の場合は、その「武器」である艦上機の「洋上移動基地」にしかすぎないため、性能が向上した新型の艦上機が登場すれば、空母の威力もまた向上

するのです。もちろん艦上機の性能向上に合わせて、必要に応じて空母にも改修が加えられますが、それが追い付かなくなった場合などを契機に、「次世代の空母」が建造されることになります。たとえば、アメリカが第二次大戦中の1942～1945年に建造したエセックス級空母は、現役最後の1隻『レキシントン』が1991年に退役するまでの約半世紀もの間、改修を加えられつつ使用され続けました。

このような次第で、空母は戦艦などの他の水上戦闘艦とは違って、「航空機という兵器を運用するための兵器」といえばわかりやすいかも知れません。

空母が最初に造られたのは、第一次大戦末期でした。ですが当時はまだ艦上機の性能が低かったため、本格的な実戦に参加する機会はありませんでした。やがて戦間期を迎えると、空母は研究こそ推進されますが、その威力がいまだ未知数の軍艦としての扱いを受けます。なぜなら、当時の海軍は戦艦を中心とした「大艦巨砲主義」に凝り固まっていたからです。

とはいえ、航空機の急速な進歩を知っている海軍士官の一部には、たとえ戦艦といえども航空機にはかなわないという考え方が生じてきており、彼らは空母の将来性を高く評価していました。これを「航空主兵主義」と称します。

しかし第二次大戦が始まるまでの戦間期、各国の海軍内部では、それまでの数多の戦績に支えられた大艦巨砲主義者たちが幅を利かせていました。そのためこの時期には、空母は偵察を主任務とし、副次的に敵艦を攻撃するという考え方も存在していたほどです。というのも、航空機が偵察に有効であることは、第一次大戦時の戦訓で証明されていたからです。

ところが第二次大戦と太平洋戦争が勃発すると、イギリスの艦上機がイタリア海軍の根拠地タラント軍港を、また、日本の艦上機がアメリカ海軍の根拠地パールハーバー軍港をそれぞれ空襲して大戦果をあげました。こうして、海洋戦における空母の絶大な威力が、新たなる世界大戦の初期に、早くも証明されたのです。そこでアメリカは、「デモクラシーの兵器工場」を自負するその強大な工業力をもって、大は艦隊空母から小は護衛空母に至るまで多数を建造し、最終的には「太平洋の強敵」である日本海軍を破滅へと追い込んだのでした。

太平洋戦争に勝利したアメリカは、この戦争において空母の威力を身をもって体験しました。そこで、戦後も艦上機のジェット機化、その艦上機が搭載する核兵器運用能力の付与、原子力機関の搭載などといった技術的、軍事的発展を空

母に加え続け、遂には今日のスーパー・キャリアを生み出しました。

　このように、アメリカは艦上機も含めたあらゆる面で空母の進化を推進し、海洋戦略の主軸として空母を中心に据えた艦隊を運用、戦略上重要な海域にそれを派遣している唯一の国です。つまり空母は、大国アメリカの強大なる"シー・パワー（海洋戦力）"を象徴する存在となっているわけです。

　一方、連合国の一国として第二次大戦の戦勝国となったイギリスは、実は空母発祥の国であり、空母にかんするさまざまな技術を発明した実績も重ねています。しかし戦後の経済的低迷で、かつての「七つの海の覇者」としての海軍の規模を維持できなくなってしまいました。その結果、軍艦としては運用コストが高い空母は、今や1〜2隻しか保有できないというのが実情です。

　二千年を軽く越える軍艦の歴史から見れば、登場からわずか百年余りの空母は新参者といえるでしょう。しかしその進歩は、航空機の発達ともからんで、かくも劇的なものでした。

　本書は、そんな空母について皆さんのご理解の一助となればの思いから「成り立ちの歴史」、「空母の種類」、「艦上機について」、「構造」、「空母部隊の編成」、「運用」という章立てで、2012年7月に上梓した『歴群［図解］マスター　航空母艦』を改題のうえ訂正し、さらに「未来の方向性」についての新たな1章を加えたものです。このような構成なので、章ごとにお読みいただくことはもちろん、興味のある項目から読んでいただいてもかまいません。また、本文中の重要な語句については、太字にして黄色を付け、巻末に索引を設けてあります。

　筆者としては、本書によって読者のみなさんの空母への疑問と興味が満たされることを願って止みません。

　どうぞお楽しみください。

　そしてこの度、皆様のご愛顧に支えられ、ワン・パブリッシング社から版を重ねることが叶いました。筆者として心からの御礼を申し上げます。

　2021年文月吉日、メトロポリスのスカイラインを臨みつつ
　　　　　　　　　　　白石　光　記す

※本書は第1章から第5章までと第7章を白石が、第6章をおちあいが執筆した。

CONTENTS

［第一章］ 空母の歴史

［第二章］ 空母の種類と役割

［第三章］艦上機の種類と役割

［第四章］空母の形態と構造

CONTENTS

［第五章］ 空母部隊の編成

［第六章］ 空母の運用

CONTENTS

［第七章］ 空母のこれから

第一章

空母の歴史

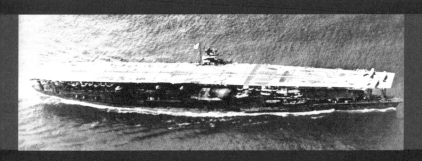

水上機母艦を原点として始まった空母の歴史を、
実戦における戦訓の影響や技術、
運用のエポックとともに概説する。

水上機母艦の誕生

海の最強兵器「空母」の祖先水上機母艦とは？

　現在は、空母といえば航空機離着艦用の広大な飛行甲板を持つイメージが固定化しているが、初めて航空機を運用した空母の元祖には、飛行甲板は存在しなかった。その「空母の祖」がフランス海軍の『フードル』である。同艦は水雷艇母艦兼工作艦として竣工したが、1913年に**水上機母艦**へと改装され、水上機として当時最もポピュラーだったモーリス・ファルマン複葉水上機を搭載した。

　これに続いたのが日本海軍の『若宮』だった。同艦の前身は1901年に竣工したイギリス商船『レシントン』で、日露戦争中、戦時禁制品を輸送していたため日本海軍が鹵獲。運搬船『若宮丸』として運用していたが、1914年に水上機母艦へと改装のうえファルマン水上機を搭載。翌15年には、二等海防艦『若宮』として正式に軍艦籍に編入され、第一次大戦が勃発すると、当時、ドイツの租借地となっていた中国の青島攻略に際し、その艦載機が1914年9月5日に初出撃をはたした。

　当初の水上機母艦は、フロートが取り付けられた水上機を**デリック（クレーン）**で海面に降ろして発進させ、揚収もデリックで吊り上げていた。そのため、海が荒れれば水上機の離着水は不可能であった。この問題を解決すべく考えられたのが滑走台である。第一次大戦勃発時、イギリス海軍は大西洋横断航路用客船『カンパニア』を徴用し、水上機母艦に改装して1915年に就役させた。同艦の前甲板には、全長約37メートルの滑走台が設けられており、海面からの発進だけでなく、車輪付きの台車に載って滑走台上を滑走し、発艦することもできた。この機構により多少海が荒れても発艦が可能となった。イギリスでは『カンパニア』の改良を進め、煙突の配置変更により滑走台を約61メートルに延長。1917年には、滑走距離わずか14メートルで発艦が可能なソッピース・パップ陸上戦闘機が搭載された。また、同艦は航空機用エレベーターをはじめて装備している。

各国の水上機母艦

船体前部に滑走台を持つ『カンパニア』。イギリス海軍の主要な作戦海域である英仏海峡や北海の沿岸部には味方の支配海面が多く、発艦後は不時着水や陸上基地に降りる「片道出撃」ができた。こういった地勢的背景が、滑走台の着想に影響したことは想像に難くない。

船体後部に着艦用甲板を備えたアメリカの巡洋艦『ペンシルヴェニア』。陸上機の運用実験を行った結果、全通甲板の必要性が認識された。

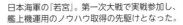

日本海軍の『若宮』。第一次大戦で実戦参加し、艦上機運用のノウハウ取得の先駆けとなった。

水上機母艦から空母へ

現代空母の定番方式
フラッシュ・デッキの誕生！

　第一次大戦中の1917年8月21日、前甲板滑走台を持つイギリスの軽巡洋艦『ヤーマス』を発艦した陸上戦闘機ソッピース・パップが、ドイツのツェッペリン飛行船を撃墜した。この戦果は、鈍重な水上機に対する陸上機の優位性を証明した実例となり、陸上機の艦載化を促進するきっかけとなった。イギリスは建造途中だった大型軽巡洋艦『フューリアス』を設計変更し、船体前部に全長約70メートル、全幅約15メートルの飛行甲板と、艦上機昇降用のエレベーターを設け、1917年12月に就役させた。

　しかし同艦の構造は着艦が困難で、甲板の改良後も事故が多かった。この教訓は、客船改造により建造された『アーガス』に反映され、1918年9月、同艦は世界ではじめて、艦首から艦尾までをぶち抜いた真っ平らな**全通飛行甲板**を備えて竣工した。『アーガス』にはその側面シルエットから"フラットトップ"の渾名が付けられ、のちに英語圏の国々で空母を示す通称となった。なお、障害物がない全通飛行甲板を備えた空母は、正式には**フラッシュ・デッキ(平甲板)型空母**と称される。また『アーガス』の運用で着発艦時の気流の影響がテストされ、"アイランド(島)"と呼ばれる片寄せ型艦橋の実用性も確かめられた。続いて開発された『イーグル』は、艦首側と艦尾側の前後2か所の艦上機用エレベーターや、飛行甲板と船体との接続部が部分的に密閉した、のちの**エンクローズド・バウ(密閉型艦首)**へと続く技術、また水線部の装甲板装着(**装甲空母**の概念の萌芽)など、近代空母が備える技術的要件のほとんどを備えていた。

　第一次大戦以後、英に続き日米も独自に空母開発に着手。米国では1922年3月に空母『ラングレー』を就役させ、日本では同年12月に「最初から空母として設計され、世界で初めて完成した艦」となった『鳳翔』を竣工。また大戦間の**海軍軍縮条約**期間中、日米は建造中止になった戦艦・巡洋戦艦の空母化改装を始めとして、第二次大戦の初期の海戦の主力となる**艦隊空母**の研究を進めた。

発展期の空母のバリエーション

片寄せ型艦橋 (アイランド)

イギリス海軍の空母『イーグル』は近代空母の雛形ともいえる空母だったが、水上機用のデリックを装備するなど、水上機母艦の面影が残る部分もあった。

フラッシュ・デッキ

アメリカ海軍の『ラングレー』は、給炭艦を改造したアメリカ海軍初 (艦番号CV-1) のフラッシュ・デッキを持つ空母だった。細い煙突は着艦に影響を与えないよう、左舷後部に斜めに配置されている。

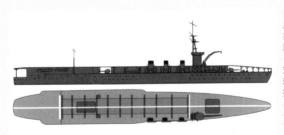

日本海軍が初めて完成させた全通甲板を持つ空母『鳳翔』は、設計時から空母となるべくして生まれた空母だった。写真は新造時で、可倒式煙突はのちに舷側固定となり、アイランドも船体内に移されてフラッシュ・デッキとなった。

日米空母部隊が激突！「想定外」の発生が教訓に

　太平洋戦争勃発前夜、世界でもっとも空母運用の研究が進んでいたのは日本だった。その理由は、戦間期の海軍軍縮条約の締結によりアメリカ、イギリスよりも戦艦の保有隻数を少なくされたからである。当時は**大艦巨砲主義**が海軍の主流だったため、日本海軍は**漸減邀撃思想**（ぜんげんようげき）を編み出し、敵の主力たる戦艦部隊を戦艦以外の艦種で沈めることで、戦艦不足を補おうと考えた。こうした考え方のなかから、艦上機や陸上機で敵の戦艦部隊を叩く**航空主兵主義**が誕生したが、当時は日本海軍でも大艦巨砲主義が主流であった。ところが1941年12月8日の太平洋戦争勃発時、海軍航空隊出身の連合艦隊司令長官山本五十六大将の発案で、6隻もの空母を集中投入して真珠湾を攻撃し、アメリカ太平洋艦隊の戦艦多数を撃沈したことで、航空主兵主義は一挙に主流に躍り出た。

　一方、この攻撃で戦艦こそ多数を失ったが、航空主兵主義の主役たる空母を1隻も失わなかったのは、アメリカにとって不幸中の幸いであった。同時に、空母の威力を身をもって思い知らされたアメリカは、その建造に拍車をかけた。

　日本機動部隊は、その後も1隻の空母も失うことなく日本の緒戦の大勝利に大きく貢献した。1942年4月には、真珠湾以来負け知らずの**南雲機動部隊**が、インド洋で作戦行動中にイギリス空母『ハーミーズ』を撃沈した。続く同年5月、**珊瑚海海戦**が勃発。この戦いは、互いに艦上機を飛ばして相手の空母を攻撃するという世界初の「空母対空母」の戦いとなり、日本は軽空母『祥鳳』（しょうほう）、アメリカは艦隊空母『レキシントン』を失った。

　特にアメリカは、『レキシントン』がいったんは消火に成功し艦上機の運用すら可能になったにもかかわらず、気化した航空燃料が艦内に充満し、それに引火して生じた大火災が原因で沈没したことを重視。同艦が通気性に劣る**密閉式格納庫甲板**を備えていたことも含めて、引火性の強い航空燃料と、火災へのソフト・ハード両面からの対策を強化すべきという戦訓を得た。

日米海軍の航空主兵への移行プロセス

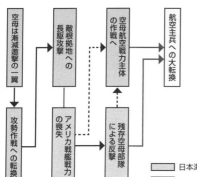

飛行甲板上に並んだ日本海軍の真珠湾攻撃部隊。日本としては窮余の策ともいえる奇襲作戦だったが、アメリカ海軍に建軍以来の最大の損害を与えることになる。

☐ 日本海軍関連事項
☐ アメリカ海軍関連事項

日本海軍は日本本土へと侵攻してくるアメリカ海軍の戦力を削りつつ邀撃する「漸減邀撃」を企図し、空母は戦艦戦力の防空を担うものだったが、真珠湾攻撃という攻勢作戦が採られたことや、それにより戦艦戦力を一時的に喪失したアメリカ海軍が空母主体の反撃に転じ、日本海軍も空母により対抗したことから、一気に航空主兵へと移行が進んだ。

日本海軍の空母『赤城』。軍縮条約の結果として巡洋戦艦から改造された、戦前建造の空母であった。

航空燃料の火災により大爆発を起こし、炎と黒煙を吹き上げるアメリカ空母『レキシントン』。本艦も『赤城』同様に軍縮条約の産物たる「改造空母」であった。

空母が海戦の主役に！
戦いは日米間の格差が拡大

　1942年6月、それまで無敵を誇っていた日本機動部隊は**ミッドウェー海戦**で大敗し、『赤城』、『加賀』、『蒼龍』、『飛龍』と一挙に4隻もの**艦隊空母**を喪失した。当時の日本の造船能力に鑑みてこれは大損害だったが、その原因はひとえに火災であった。燃料と兵装を満載して出撃準備を整えた艦上機は、空母上のもっとも危険な「可燃物」と化す。しかも艦上機は、稼動全機が同時に出撃準備を整えることが多い。ミッドウェー海戦ではちょうどこの瞬間を襲われて大火災が生じ、消火が困難となり、空母を味方の手で処分する事態に至った。これを反省し、以降、日本も空母における消火の研究にいっそう力を入れることになる。唯一の救いは、敗北の原因が、作戦目標の不徹底が招いた現場指揮官の判断ミスと事前に暗号が解読されて情報が筒抜けだったことにあり、日本が編み出した機動部隊の運用法そのものに欠点があった訳ではなかったことだろう。

　アメリカは、この勝利をきっかけに徐々に反撃へと転じる。同年12月には、戦前に設計され、当初は1艦だけの建造予定が、のちに「戦時標準型艦隊空母」と称されることになるエセックス級のネーム・シップ『エセックス』が就役。ほかにも艦隊空母を補助する**軽空母**が量産型軽巡洋艦の船体を利用して複数建造されつつあり、商船の船体を利用した**護衛空母**も大量生産が始まろうとしていた。開戦時、空母の数が日本よりも少なかったことが緒戦の劣勢に影響したとアメリカは判断しており、その増産に躍起となっていたのだ。

　以降、**第2次ソロモン海戦**、**南太平洋海戦**と続いた空母対空母の戦いのなかで、開戦以来、艦上機搭乗員の救助を軽視してきた日本は、熟練した艦上機搭乗員の不足という事態を招来する。一方、全軍一貫して人命第一の考え方が行き渡っていたアメリカは、脱出した艦上機搭乗員を全力を挙げて救助するとともに、合理的な養成プログラムを開発し、その大量養成を軌道に乗せていた。これがのちに、両国の艦上機搭乗員の質に大きく跳ね返ってくることになる。

日米の空母喪失と戦力補充の相違

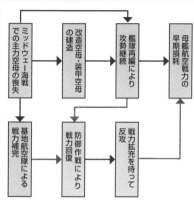

甲板前部に被弾して炎上する空母『飛龍』。ミッドウェー海戦での空母4隻喪失は、単純な戦力低下だけでなく、消耗した空母戦力の回復ローテーションをも狂わせて、搭乗員の損失増大を招く結果につながった。

▢ 日本海軍関連事項　　▢ アメリカ海軍関連事項

日米両海軍は、1942年から43年にかけての海戦で互いに空母戦力を消耗した。日本海軍は、翔鶴型空母2隻を中心とする空母部隊の再建と同時に改造空母の建造を進め、一方で基地航空部隊による攻勢作戦も継続した。その結果、空母自体の竣工の一方で搭乗員が不足するというアンバランスな状況が生まれた。一方、アメリカ海軍は1943年半ばまでは防御主体の姿勢をとり、日本海軍の航空作戦能力の消耗を捉えて攻勢に転じている。

エセックス級は、アメリカ海軍が大戦に投入した空母の完成形であった。日本海軍は改造空母による戦力回復を図ったが、アメリカのエセックス級量産は、それとは次元の異なる、国力の差を見せ付ける戦力増強であった。

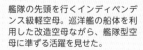

艦隊の先頭を行くインディペンデンス級軽空母。巡洋艦の船体を利用した改造空母ながら、艦隊型空母に準ずる活躍を見せた。

太平洋戦争後期の空母戦

システム化を推し進めた米軍が日本を劣勢に追い込む

　1943年は、アメリカの物量が日本を圧倒し始める年となった。ミッドウェーの大敗後、日本も空母建造のピッチを上げた。だが、熟練搭乗員不足に悩む艦上機部隊を陸上基地からの作戦に転用するという暴挙、4月の「い」号作戦や10月の「ろ」号作戦への投入により、艦上機部隊はさらに消耗してしまった。

　1944年になると、飛行甲板に装甲が施され、装甲空母に分類される『大鳳（たいほう）』や、重防御の大和型戦艦3番艦を空母に改造した『信濃』といった新造空母が就役した。しかし、前者は初陣の**マリアナ沖海戦**で、『レキシントン』同様に気化した航空燃料に引火して爆沈。後者は回航時、潮岬沖でアメリカ潜水艦の雷撃を受け、一度も戦うことなく没した。一方、アメリカは『エセックス』級の矢継ぎ早の戦力化などにより、空母戦力のいっそうの充実をはたしていた。

　マリアナ沖海戦は、「日本機動部隊の墓標」ともいえる戦いとなった。日本は、艦砲や魚雷、艦上機に至るまで、敵よりも長射程（長航続距離）のものを揃え、敵の射程外（航続距離外）から一方的に叩くという**アウトレンジ戦法**を信奉しており、それをもってアメリカ機動部隊に挑んだ。ところがアメリカは、レーダーで日本艦上機編隊の襲来を察知し、味方戦闘機群をレーダーで誘導し防空スクリーンを構築。さらには高角砲弾に最新式の**VT信管**を使用し、艦隊に日本艦上機を寄せ付けなかった。そしてこの「防空の傘」をさしたまま間合いを詰め、日本機動部隊を痛撃した。ちなみに、レーダーや戦闘機の性能こそ向上したが、この防空スクリーンの概念は、今日のアメリカ**空母打撃群**のそれと同一である。

　大戦末期になると、アメリカ機動部隊が日本本土に近づいて各地を空襲したが、これもまた、今日の「通常火力の陸地への投射」のルーツといえる。また、アメリカ空母はこの時期になると日本の特攻機の主目標とされたが、大戦初期の戦訓に基づいて優れた**ダメージ・コントロール（ダメコン）**能力を付与されたエセックス級では、戦没艦は1隻も生じなかった。

日本海軍装甲空母の特徴

艦名	建造形態	起工	竣工	基準排水量	搭載機数
大鳳	新規設計	1941年	1944年	29.300トン	常用52機
信濃	戦艦改造	1940年	1944年	62.000トン	常用42機

『信濃』は装甲空母に分類されないこともあるが、大和型戦艦の防御力を生かし、随所が装甲化されていることから、本書では装甲空母として扱う。『信濃』は『大鳳』の倍以上の排水量でありながら搭載機数が少ない（常用50機という説もあるが、それでも少ない）のは、不沈洋上基地、つまり艦上機の中継基地として機能させる目的で装甲化され、搭載数が減ったためといわれる。

大和型戦艦3番艦を改造した『信濃』。第二次大戦の各国の空母中、最大の排水量を誇った。

新規設計の装甲空母『大鳳』。再建途中の機動部隊の主力となるべく期待された。

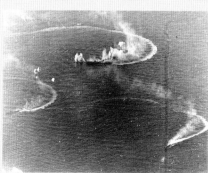

マリアナ沖でアメリカ艦上機の攻撃を受ける空母『瑞鶴』。日本海軍は艦上機の航続性能の優位を生かしたアウトレンジ戦法に期待をかけたが、アメリカ軍のレーダー防空システムにより攻撃隊自体を喪失し、丸裸になった艦隊はアメリカ艦上機群の猛攻に晒された。

第二次大戦・大西洋と地中海の空母戦

ライバル無き英海軍空母
対潜作戦と護衛役に徹す

　アメリカよりも先に第二次大戦に参戦していたイギリスの空母の主戦場は大西洋と地中海であり、敵の枢軸（ドイツとイタリア）側は空母を運用していなかった。そのため「空母対空母」の戦いは生じていない。代わりに、イギリスの空母は艦隊の防空、敵の沿岸地域への攻撃、対潜戦などに投入され、地味ながら別の形で「空母の真価」を発揮している。緒戦の同海軍は空母を個艦として運用し、駆逐艦戦隊などを護衛に付けていた。だが、北海や地中海のような狭海面では、敵の水上戦闘艦や潜水艦、陸上機の攻撃圏内で行動しなければならないことも多く、1940年6月に戦没した『グローリアス』は世界で唯一、水上戦闘艦の砲撃で撃沈された艦隊空母となった。また、『カレイジャス』は1939年9月、『アークロイヤル』は1941年11月、『イーグル』は1942年8月、いずれもUボートに撃沈された。このように、大戦中期までの間にUボートの餌食となった空母が多いのは、イギリス空母が対潜戦に「力を入れていた」証拠でもある。

　イギリスは、実はすでに戦前のうちに、空母が敵の航空勢力圏内で行動しなければならなくなる事態を想定しており、世界初の装甲空母『イラストリアス』級の建造に着手。1940年から1944年にかけて姉妹艦6隻を就役させ、大戦中の主力艦隊空母とした。同級の各艦は地中海で枢軸軍の**急降下爆撃**を受けたり、大戦末期には太平洋に進出して日本の特攻機に直撃されたりもしたが、装甲空母の名に恥じない優れた抗堪性を示して1隻の戦没艦も出さなかった。

　一方、緒戦で船団護衛用の空母が不足していた時期、イギリスは、商船の前甲板にカタパルトを設置し、緊急時に艦上機を発進させる**CAMシップ**（**Catapult Armed Merchant Ship**の略）や、貨物船に全通飛行甲板を設けた**簡易型商船改造護衛空母**ともいえる**MACシップ**（**Merchant Aircraft Carrier**の略）などに加えて、商船改造の護衛空母を建造したが、大戦中期以降、アメリカ製護衛空母が多数供与され、同海軍の空母戦力は飛躍的な増強をみた。

イギリスのイラストリアス級空母『フォーミダブル』。主に地中海方面で活躍したが、大戦末期には日本近海にも進出した。

船団護衛に活躍したMACシップ。発艦した艦上機より撮影したもので、飛行甲板の幅は2機並ぶのが精一杯という狭さだった。

枢軸国の未完成空母

国名	艦名	建造形態	着工年度	結果
ドイツ	グラーフ・ツェッペリン	新規設計	1936年	1943年中止
	ウェーザゥ	重巡洋艦改造	1936年	1943年中止
イタリア	アキラ	客船改造	1941年	1945年自沈
	スパルヴィエロ	客船改造	1942年	1944年自沈

上表は枢軸国が起工した空母。いずれも完成を見なかった。両国とも陸上機を改造した艦上機の開発を進めていたが、その運用に関してはイギリスに大きく遅れており、ドイツでは他の水上戦闘艦と同様に通商破壊に運用することを想定していた。

イタリアの『アキラ』は、開戦後の起工だが、運用方針は明確ではなかった。

新規設計で建造されたドイツの『グラーフ・ツェッペリン』。枢軸国では唯一の、最初から空母としての完成を目指した艦だった。

第二次大戦の空母運用国

三大海軍国のみが
空母の開発・運用で世界をリード

　第二次大戦において空母を運用したのは、連合国ではアメリカ、イギリス、フランスの3国だった。

　特にアメリカは、その強大な国力を背景にして艦隊空母17隻、軽空母9隻、護衛空母実に約120隻という、莫大な数の大小の空母を戦力化のうえ実戦で大々的に運用した。

「空母発祥の国」であるイギリスは、戦前から擁していた国産艦隊空母11隻のほか軽空母7隻（実戦参加は1隻のみ）を保有。アメリカから供与された約40余隻の護衛空母も含めて、50隻以上の空母を第二次大戦で運用している。

　フランス海軍は、戦前にノルマンディー級戦艦の船体を改造した艦隊空母『ベアルン』を就役させており、加えて大戦末期には、イギリスから「また貸し」されたアメリカ製の護衛空母『ディキシムード』も運用したが、両艦とも航空機の運搬に従事しただけで実戦には参加していない。

　枢軸国では、日本、ドイツ、イタリアの3国が空母を保有（建造中の状態も含めて）していたが、実戦で運用したのは日本だけであった。

　イギリスやアメリカとほぼ時期を同じくして空母の開発に着手した日本は、第二次大戦で27隻の空母を建造・運用した。このうち艦隊空母と呼べるものは、未完成・未就役の雲龍型5隻を含めて15隻で、ほかは軽空母である。

　ドイツは大戦中に『グラーフ・ツェッペリン』をほぼ完成させていたが、結局、実戦で運用するまでには至らなかったため実質は運用艦なし。

　イタリアは地中海におけるイギリス海軍との戦訓に基づき、商船『ローマ』を改造した空母『アキラ』をほぼ完成させ、同じく商船『アウグストゥス』を改造した2隻目の空母『スパルヴィエロ』を途中まで造った。だが、結局、実戦での運用はかなわなかった。

第二次大戦の空母運用国マップ

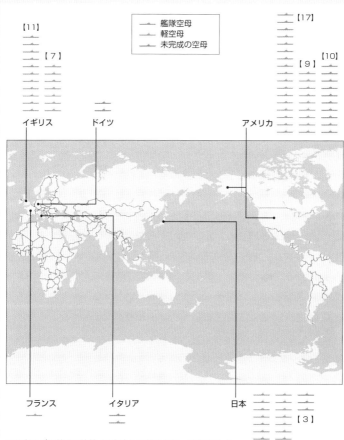

【11】

【7】

イギリス　　　ドイツ

凡例：
—— 艦隊空母
—— 軽空母
—— 未完成の空母

【17】

【9】　【10】

アメリカ

フランス　　　イタリア　　　日本

【3】

【12】【12】

図は各国が開戦から終戦まで保有した艦隊空母、軽空母（ともに未完成、戦没分含む）の数を比較したもの。第二次大戦では、空母戦力の総数でアメリカが突出し、続いて日本、そしてイギリスが続く。国力（建造能力）を考えれば日本は大健闘だが、技術面ではアメリカ・イギリスに対して特に電波兵器の技術で大きな遅れがあり、相対的な「空母の性能」は建造数以上に引き離されていた。またドイツ、イタリアは起工こそしたものの運用ノウハウが確立していたとは言いがたく、工期中の戦況悪化などで竣工・配備に至らなかった。

大型化で運用能力が拡大
原子力空母が戦略を担う存在に

　第二次大戦の空母運用国、アメリカ、イギリス、日本のうち、戦勝国のアメリカでは、空母こそが海軍の主力だという考え方が常識となった。一方、大戦末期に完成した原爆は、国家政戦略上の決定的兵器に位置付けられ、空母もそれを運用することが決まった。しかし、初期の原爆は大きく重かったため、搭載するには大型の艦上機が必要で、空母もそれに合わせて大きくなければならないという事態に至ったが、大戦直後に就役した**ミッドウェー級**が相応の大きさを備えていたことは、アメリカにとって幸いだった。

　また、大戦後は艦上機のジェット化が進んだが、そのための新技術がイギリスからもたらされた。従来の一直線の飛行甲板に代えて、発艦区画と着艦区画を斜めに分離した**アングルド・デッキ（傾斜飛行甲板）**と、レシプロ機より重いジェット機の射出時にも不安のない強力な**蒸気カタパルト**がそれである。これらの新技術は当時、主力となっていた大戦型艦隊空母エセックス級や、ミッドウェー級に対する改修の際に逐次導入された。

　その後、艦上機のさらなる大型化、強力化と、洋上作戦の長期化に対応すべく、いっそう大きな空母が必要となり、通常動力の戦後型艦隊空母である**フォレスタル級**や**キティホーク級**を経て、ついに**原子力空母『エンタープライズ』**の登場を見ることになる。

　アメリカはこの冷戦期に朝鮮戦争とベトナム戦争、世界各地の海でのソ連海軍との一触即発の鍔迫（つばぜ）り合いを経験したが、これらを通じて、空母による「通常火力の陸地への投射」と「艦隊防空」の技術的発達が促進された。例えば、短距離以上の防空は、技術の進歩にともなって火砲から艦対空ミサイルへと移行する一方で、至近距離の防空においては、旧来からの機関銃の進化型ともいえる**CIWS (Close in Weapon System)**が、敵の対艦ミサイルに対する個艦防空の「最後の切り札」として開発され、以降、広く普及した。

大戦型空母のジェット化対応改修は、段階を経て行われた。写真は『エセックス』で、まだアングルド・デッキは未装備。手前はジェット艦上戦闘機F2Hで、1951〜2年頃の撮影。

大戦直後に竣工した空母『ミッドウェー』は、エセックス級の大幅拡大・改良版ともいえる究極の大戦型空母であった。大戦型艦上機より大振りなジェット機運用に対応可能な艦容を備えていた。

アメリカ空母の戦後の進化

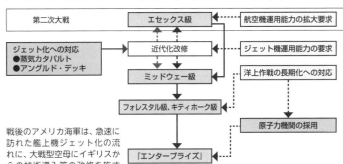

戦後のアメリカ海軍は、急速に訪れた艦上機ジェット化の流れに、大戦型空母にイギリスからの技術導入等の改修を施すことで対応した（初期のジェット艦上機には、飛行甲板の耐熱改修で対応可能な場合もあったが）。また東側陣営との緊張拡大による作戦能力の向上要求から、原子力機関搭載という動力面での進化も促された。

原子力空母時代を拓いた『エンタープライズ』は、通常動力艦をはるかに超える作戦行動能力を誇る。

欧州各国の戦後空母

欧州各国は多様化の道へ
空母保有国が拡大

第二次大戦中、アメリカと並ぶ空母運用国だったイギリスは、戦後しばらくの間、数隻の艦隊空母を維持し続けた。だが、アメリカに比べて経済力に劣る同国にとって、大戦での莫大な戦費支出と植民地の相次ぐ独立は、経済復興の大きな足枷となった。そのため戦後のイギリス海軍は、次第に衰退を迎えた。とはいえ、空母運用の効率化と技術研究は進められ、空母発祥の国らしく**蒸気カタパルト**や**アングルド・デッキ**といった先進技術を開発し、それらは自国空母ばかりでなく「盟友」アメリカの空母にも採り込まれていった。

しかし空母の維持費はイギリス経済の手に余るほど膨大であり、艦隊空母の除籍・解体が進んだ。だが最後の艦隊空母『ハーミーズ』の除籍間近の1982年、**フォークランド紛争**が勃発し同艦が旗艦として出撃。当時最新だったスキー・ジャンプ式発艦甲板を持つ**支援空母**『インヴィンシブル』とともに、**シーハリアー**と空軍の**ハリアー**を効率的に運用して大きな成果を挙げた。この実績がその後、「経済的に艦隊空母は持てないが、"それっぽい軍艦"が欲しい国々」に、「支援空母＋**V/STOL機**」という「貧者の空母」を流行らせることとなった。

イギリスはまた大戦直後、建造はしたものの戦争に間に合わなかった新造の余剰空母を、片やアメリカも余剰となった大戦中の空母を同盟各国に供給した。その結果、フランス、カナダ、オーストラリア、スペイン、オランダ、ブラジル、アルゼンチン、インドなどが空母を保有することになった。「空母の拡散」という点において、戦勝二か国の余剰空母がはたした役割は大きいといえる。

一方、空母に対してわが道を進んでいるのがフランスで、当初はアメリカから供給された大戦型空母を運用。その後、国産の通常動力空母を建造し、今日では、アメリカに続いて世界で二番目の原子力空母保有国となっている。旧ソ連も冷戦期には空母の実用化に向けて力を注いだが、アメリカの**スーパー・キャリア**とはまた違った、独自の**ドクトリン**に基づく空母を実用化している。

＊V/STOL＝Vertical/Short Take Off and Landing(垂直/短距離離着陸)の略。垂直離着陸(VTOL)機が、
　　　　実際は短距離の滑走も行うことから言い換えられた。現在はSTOVL(P78脚注参照)と呼ばれる。

写真は大戦型空母『アークロイヤル』で、イギリス発のアングルド・デッキ（写真の赤色部分）と蒸気カタパルト（青色部分）が改修により装備されている。

フォークランド紛争で活躍したイギリス独自の組み合わせ

スキー・ジャンプ式発艦甲板

◀支援空母『インヴィンシブル』

▼ハリアーとシーハリアー

独自のスキー・ジャンプ式発艦甲板を持つ『インヴィンシブル』。搭載するハリアー、シーハリアーは垂直離艦が可能だが、滑走して発艦するよりもペイロードが少なくなる。そこで同機種の短い滑走距離を生かすため、上方に角度をつけたこの甲板が考案された。

『ハーミーズ』の甲板上に並ぶ空軍のハリアー（手前から3機まで）と海軍のシーハリアー（奥と右側の1機）。ヘリコプターは、兵員輸送等に活躍したウェストランド・シーキング。

アメリカのスーパー・キャリア

世界最強の空母運用国 アメリカの象徴ニミッツ級登場

　原子力空母は建造コストが高く、そのため『エンタープライズ』のあとには通常動力の『アメリカ』と『ジョンF.ケネディ』が建造された。この2隻は**キティホーク級**の3、4番艦とされることもあるが、世界初の原子力空母を挟んで建造されたため、先に就役した『キティホーク』と『コンステレーション』の2隻とは細部に相違も多く、**アメリカ級**と称する場合もある。

　ところで、アメリカは一時期、巡洋艦クラスの水上戦闘艦までも原子力化することを試みたが、コストとメリットの両面から、最終的に、当面は潜水艦と空母だけを原子力化することとした。そして『エンタープライズ』の建造承認以来、実に9年を経た1967年度になって、やっと第2世代の原子力空母となる『ニミッツ』の建造が承認された。

　『エンタープライズ』と同じウェスティングハウス社製ながら『エンタープライズ』のA2Wに比べて性能が格段に向上したA4W**加圧水型原子炉**2基を搭載する同艦には、『エンタープライズ』での経験がふんだんに盛り込まれ、かつてエセックス級がアメリカ海軍の「戦時標準型艦隊空母」と称されたごとく、**ニミッツ級**は同海軍の「戦後標準型（原子力）艦隊空母」となった。アメリカが世界に誇る**スーパー・キャリア（巨大艦隊空母）**の誕生である。ネーム・シップの『ニミッツ』が1975年に就役。以降、2009年1月10日の『ジョージH.W.ブッシュ』就役に至る約30年間で計10隻が建造された本級は、同型艦ながら細部に相違があり、『ニミッツ』、2番艦『ドワイトD.アイゼンハワー』、3番艦『カール・ヴィンソン』までが初期型、4番艦『セオドア・ルーズヴェルト』、5番艦『エイブラハム・リンカーン』、6番艦『ジョージ・ワシントン』、7番艦『ジョンC.ステニス』、8番艦『ハリーS.トルーマン』までが中期型、9番艦『ロナルド・レーガン』、10番艦『ジョージH.W.ブッシュ』までが後期型と分類されるが、このように建造が継続される中で改良が進んだ点も、量産されたエセックス級と類似している。

1962年に撮影された通常動力搭載の『キティホーク』。飛行甲板前部に2基、アングルドデッキにも1基の蒸気カタパルトを装備している。CTOL機（通常離着陸機）ヘリコプターを合計で約90機搭載する。

ニミッツ級は現在のアメリカ海軍空母打撃群（Carrier Strike Group。130頁参照）の基幹空母となっている。写真は同級のネーム・シップ『ニミッツ』で、第11空母打撃群の旗艦を務める。2017年11月には同級4番艦『セオドア・ルーズベルト』、9番艦『ロナルド・レーガン』とともに日米合同演習に参加して話題となった。

イギリスの空母と"スーパー・キャリア"のサイズ比較

アメリカのノーフォーク軍港に並んで停泊する米英の主力空母。左はイギリスの『アークロイヤル』（この写真が撮られてから間もない1978年退役）で、大戦型空母に近代化改修を施したものだが、右の『ニミッツ』の大きさと比べるとまるで軽空母のように見える。

次世代空母の開発

ステルスなど新技術を続々導入 巨大化だけでなく小型化も進む

ソ連邦の崩壊で冷戦は終結し、東西陣営の全面衝突というシナリオは解消したが、代わりに局地紛争や対テロ戦争のような**低烈度戦争**がクローズアップされるようになった。そのため、アメリカは従来のようにスーパー・キャリアを空母の主力に据えつつも、V/STOL機とヘリコプターを搭載することで蒸気カタパルトや**着艦制動装置**などを省いてコストと船体規模を小型化し、上陸部隊を載せて上陸作戦にも対応できる**強襲揚陸艦**に、その補助をはたさせている。世界的にも「空母は持ちたいがスーパー・キャリアは持てない国」を中心に同様の艦種が普及しつつあり、わが国の海上自衛隊も含めて、今後、強襲揚陸艦またはこのクラスの空母の保有国はますます増加するものと思われる。

一方、次世代のスーパー・キャリアとして2017年に就役したのが、かつて**CVNX**、CVN-21などの名称で開発されてきた同級のネーム・シップ『ジェラルドR.フォード』である。現用のニミッツ級の船体デザインをベースに、**核燃料交換サイクル**が長い最新式のA1B型原子炉を搭載。**多機能レーダー**、**電磁式カタパルト**、新型の着艦制動装置などを備え、外観にはステルス性を考慮し、乗組員数をニミッツ級の三分の二程度に削減する省人力化なども盛り込まれている。

イギリスはインヴィンシブル級の後継として、新しい軽空母（支援空母）のネーム・シップ『クイーン・エリザベス』を2017年に就役させた。さらに、現状では2番艦『プリンス・オブ・ウェールズ』の建造も予定。フランスは、現在の原子力空母『シャルル・ド・ゴール』就役以前は空母2隻体制だった。そのため『Porte-Avions 2』の仮称で次期空母の計画を進めていたが、2013年の国防方針の変更によりキャンセルされた。インドは、初の国産空母『ヴィクラント（二代目）』を2009年に起工。中国は、習作としてスクラップから再生した旧ソ連製の『ヴァリャーグ（中国名：遼寧）』に続き、純国産空母を建造中。

現在建造が進んでいるアメリカの次世代スーパー・キャリア『ジェラルドR.フォード』の完成予想図。船体への大幅なステルス性の付与など、ニミッツ級の建造と運用で得られたノウハウや最新技術を満載する。

次世代空母のステルス性能付与の一例(艦橋デザインの変化)

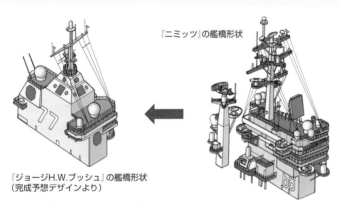

『ニミッツ』の艦橋形状

『ジョージH.W.ブッシュ』の艦橋形状
(完成予想デザインより)

ニミッツ級の『ニミッツ』(1975年就役)と『ジョージH.W.ブッシュ』(2009年就役)の艦橋のデザインの変化。張り出しを大幅に減らし、レーダー波の反射を低減するステルス性を考慮しており、現在建造中の次世代空母ではこれをさらに推し進めたデザインが採り入れられている。

イギリス海軍が運用する空母(支援空母)『クイーン・エリザベス』。艦橋はステルス性を盛り込んだデザインで、2分割という新しい配置方式が採られている。舷側エレベーターを2つの艦橋の間に装備するなど新機軸が多い。

現代の空母保有国
技術や艦数でアメリカが圧倒的
新興・中国の動向を世界が注視

第二次大戦では空母を多数保有し運用した国はアメリカ、イギリス、日本に限られた。しかし、戦後にアメリカやイギリスが余剰空母を売却したことにより、保有国は爆発的に増加した。2018年現在の空母保有国とその隻数は、艦隊空母、あるいはその国の海軍戦力の中核艦的存在の艦のみに絞っても以下のように膨大になっている。

アメリカ海軍では、すべて原子力推進でニミッツ級10隻と『ジェラルドR.フォード』の計11隻で、ほかに強襲揚陸艦を多数保有。イギリス海軍は『クイーンエリザベス』を保有。フランス海軍は、アメリカ以外で唯一の原子力空母『シャルル・ド・ゴール』を運用している。またイタリア海軍では『ジュゼッペ・ガリバルディ』と『カブール』の2隻が運用されている。ロシア海軍は、ソ連時代には重航空巡洋艦を多数保有していたが、冷戦構造の崩壊に伴って海軍戦力が大幅に整理・縮小された結果、『アドミラル・クズネツォフ』1隻のみ運用しているのが現状だ。

その他の国々でも空母の運用は広がっており、インド海軍は現在『ヴィクラマーディティヤ』を運用しているほか、イタリアから設計を購入した新造艦の開発を進めている。またタイ海軍の『チャクリ・ナルエベト』、いずれも強襲揚陸艦扱いだがエジプトのガマール・アブドゥル・ナセル（フランスのミストラル級）級2隻とオーストラリアのキャンベラ級2隻、スペインの『ファン・カルロスⅠ世』、韓国の『独島』など、比較的小型の支援空母や、固定翼機の運用が可能な強襲揚陸艦が各国で運用されている。なお、中国海軍はロシアから購入した旧『ヴァリャーグ』を改修して『遼寧』を完成させ、運用実績を重ねている。

ちなみに上記の各艦のうち、発艦用の蒸気カタパルトと着艦用のアレスティング・ワイヤーを装備し、**CTOL機(通常離着陸機)**の運用が可能なのはアメリカ海軍の各艦と『シャルル・ド・ゴール』だけで、ほかの艦では固定翼機としてSTOVL機が運用されている。

現代の主要空母保有国MAP

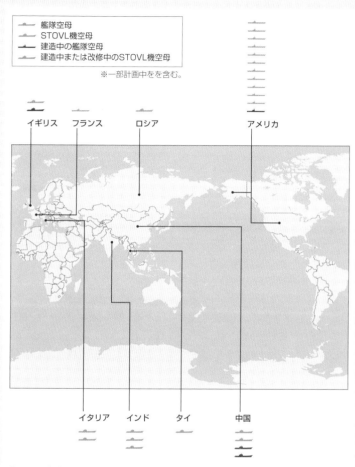

凡例：
- 艦隊空母
- STOVL機空母
- 建造中の艦隊空母
- 建造中または改修中のSTOVL機空母

※一部計画中をを含む。

イギリス　フランス　ロシア　　　　　　　アメリカ

イタリア　インド　タイ　　　中国

図は2017年末時点での主な空母保有国。艦隊空母とSTOVL機空母の保有数を示しており、ヘリコプター専用艦と強襲揚陸艦は含んでいない。アメリカを除いては艦隊空母を保有するのはフランスのみとなっている。以上の3国を除いてはいずれもSTOVL機かヘリコプターをメインに運用する支援空母（大規模航空作戦ではなく、小規模の作戦支援を主とする）というのが現状で、約90機の運用が可能なアメリカのスーパー・キャリアと比べ、STOVL機空母は運用機数20機前後と、戦力的な差は大きなものがあるが、現在では強襲揚陸艦がSTOVL機空母や軽空母化する動きも広がっている。

C-1

「空母」の定義と特徴

第二次大戦で明らかになった空母の定義

　空母という兵器の定義、要件、特徴は、空母が初めて本格的に運用されるようになった第二次大戦の戦訓により明確になったといえるが、それは以下のものであった。

　1：従来の軍艦の主兵装は「銃砲」「魚雷」等だったが、空母のそれは「艦上機」である。　2：ゆえに従来の軍艦が「銃砲」「魚雷」のプラットフォームだったように、空母は「艦上機」のそれである。　3：空母の戦いは互いの「艦上機」により行う。従来の軍艦では主兵装の数、射程の長短、威力の大小が重要だったが、空母は「艦上機」の数、航続距離の長短、武器搭載量がこれに該当する。　4：従来の軍艦と同様に、空母も主兵装により陸上を攻撃でき、空母は銃砲の射程によらず艦上機の航続距離が続く限り内陸部を攻撃できる。　5：対空戦闘において、従来の軍艦は対空火器を使用するが、空母は艦上機（艦上戦闘機）による迎撃、続いて対空火器の二段重ねの対空防御が可能。　6：艦上機を多数搭載する空母は、従来の軍艦より濃密な航空索敵（偵察）を実施できる。　7：上記1から6までの長所は、艦隊にしかるべき数の艦上機を搭載した空母が1〜数隻含まれることで、その艦隊全体（空母機動部隊に相当）が享受することができる。　8：上記7の場合、運用上の柔軟性をより高める観点から、空母は複数隻のほうが明らかに有利である。　9：空母という艦自体「洋上を移動可能な航空基地」であり、戦艦や巡洋艦のように直接戦闘に加わるものではない。　10：空母の攻撃（戦闘）能力は、搭載する艦上機により変化する。　11：艦上機には、機種ごとに収容・整備に最低限必要となる面積が存在し、将来的な機種変更を見越したマージンを持たせた設計が肝要である。

　12：艦上機を集中運用することで空母の攻撃力は著しく向上する。また、航空兵器や航空燃料、自艦用の燃料については、作戦行動の継続を考慮して大量に搭載できることが望ましく、こと空母に関しては「大は小を兼ねる」。大型の艦隊空母は、小型の護衛空母に勝りこそすれ劣る点はない。

　以上の12項目は、現在に至るも変わらぬ「空母の法則」というべき事柄である。

Chapter 02
Types & Functions

第二章

空母の種類と役割

**黎明期から現代までの
空母の主要な種別と役割を解説する**

水上機母艦

補給や修理の機能を備え
水上機や飛行艇の活動を支える

　水上機母艦は、海面を利用して航空機を離着水させるという発想から誕生した。当初の水上機母艦は、**デリック(クレーン)**を用いて水上機を海面に降ろして離水させ、着水したら、同じデリックで吊り上げて艦上に収容するという運用形態だったため、海が荒れれば水上機の離着水は不可能という点が欠点だった。これは第二次大戦になっても抜本的な改良に至らなかった水上機母艦最大の欠点だった。ただ発艦のみであれば、水上機を車輪が付いた台車に載せて滑走台上を滑走させ、発艦のみ可能とする工夫がイギリスで考案され、のちには航空機を射出する**カタパルト**が開発されて一定の解決を見ている。

　第一次大戦後、陸上機の性能向上が進んだことや、全通飛行甲板を持つ空母の登場などもあって、水上機を運用する水上機母艦の役割(価値)は小さくなった。しかし日本とアメリカでは、水上機母艦をそれぞれ異なった意味合いで有効な艦種と考えていた。日本海軍は戦間期、有事には簡単に空母へと改造できる水上機母艦を建造し、第二次大戦が勃発すると、実際に空母に改造して運用した。これに対して、水上機母艦をもっとも有効利用したのは、実はアメリカ海軍であった。とはいっても、単発水上機を多用したというわけではない。

　大戦中期以降、アメリカ海軍では水上機母艦とコンソリデーテッド・カタリナやマーチン・マリナーといった長距離飛行が可能な**双発飛行艇**とを組み合わせて、占領直後の島嶼の湾や環礁に即席の前進飛行艇泊地を開設。空母を前進配備しなくても、双発飛行艇により長距離哨戒飛行を実施できるようにしたのである。

　実戦におけるこのような実績に基づき、アメリカ海軍はジェット機とレシプロ機の交代が急速に進んでいた1950年代初頭、**ジェット戦略爆撃多用途飛行艇**マーチン・シーマスターや**ジェット水上戦闘機**コンベア・シーダートを開発し、これらの機種を水上機母艦で運用するプランを推進していた時期もあった。

フランスが第一次大戦後に就役させた水上機母艦『コマンダン・テスト』。第二次大戦では搭載機は沿岸基地で運用され、本艦も活躍の場を得られなかった。

デリック（クレーン）

整備格納庫

マーチンPBM
双発飛行艇

アメリカ海軍のカーティス級水上機母艦『アルビマール』。排水量1万トン級の船体に、2基のデリックと自衛用の12.7センチ高角砲を備える。

アメリカ海軍のカリタック級水上機母艦『カリタック』（奥）。第二次大戦で対潜・哨戒に従事する飛行艇部隊を支えた。

改造空母

本格的な空母が生まれる前の航空機の運用実験艦

　空母の始まりは、一般の形状の軍艦の前甲板に**滑走台**を設置したものだった。それも艦首に向かうにつれて下がる傾斜角が付けられ、航空機の滑走速度の向上と、揚力を得やすくするように工夫されていた。

　1910年代の低速で軽く、揚力に優れたいわば凧のような航空機は、この滑走台からの発艦はそれほど困難ではなかったが、問題は着艦であった。そこで、発艦が前に向かって進んでいる艦の艦首から行われるのに対して、着艦は艦尾から行うという、いわば当然の発想に基づいて、艦尾にも滑走台を設けた艦が登場する。

　ところが、艦前部の**発艦用滑走台**と艦後部の**着艦用甲板**の間には艦橋や煙突といった巨大な上部構造物が存在し、これによって生じる乱気流が着艦を難しくした。また後部の航空機を前部に移動させるのも厄介だった。こうした理由により、**全通飛行甲板空母**が登場することになる。

　だが、まだ海の物とも山のものともつかない新艦種である空母を、わざわざ多額の予算を割いて新造するには、各国の海軍とも当初は抵抗があった。そこで、アメリカ海軍は給炭艦を、イギリス海軍は客船からの改造空母として、それぞれの海軍における最初の全通飛行甲板空母を生み出した。

　アメリカ海軍が**給炭艦**を空母に改造したのは、時代背景的に軍艦の燃料が石炭から重油に切り替わって給炭艦の使い途がなくなったことに加えて、艦上機の格納庫に改造しやすい石炭船倉が、あらかじめいくつも設けられていたからだった。一方、イギリス海軍が改造した客船は、第一次大戦前にイタリアがイギリスに発注したものの、大戦の勃発で建造がストップしていた『コンテ・ロッソ』だった。長距離を航海する**オーシャン・ライナー**と称される客船は、商船にしては足が速いが、艦上機の発艦時に有効な合成風力を得るうえで空母の速度は速いほうが望ましく、その点も見込んだうえで選ばれたという。

イギリス海軍『フューリアス』に見る改造空母の運用

大型軽巡洋艦改造の空母『フューリアス』の全景。前後にふたつの滑走台を持つ艦容の最終形を示す。

前部の発艦用滑走台と後部の着艦用甲板（偵察・観測用の飛行船が着艦している）のほか、舷側にも航空機移動用の細長い甲板を備えている。移動用甲板を使用する際、航空機は主翼を折り畳む。

発艦用滑走台

着艦用甲板

移動用甲板

着艦するソッピース・パップ戦闘機。高揚力の複葉機といえど、短い着艦用甲板への降着には人の手（機体を押さえる）も借りたいほどだったろう。

全通飛行甲板に改造された『フューリアス』。飛行甲板の有効長も、全通飛行甲板にしたほうが、当然ながら長いことがわかる。

艦隊空母（正規空母）

計画時から空母として生まれた
機動部隊の中核となる大型艦

　初期の空母は既存の艦船の改造により生み出され、各国はこれら改造空母による試験・運用により多くの経験を得た。それらの実績を基に、次のステップとして最初から空母として設計された艦の建造が行われた。そして、先に世に出ていた「**改造空母**」に対し、これら後発の「最初から空母として設計図が引かれた艦」は「**正規空母**」と称されようになった。そのため正規空母という言葉には、もともと空母の大きさを示す意味は持たされていない。だが、初期の一部の小型の正規空母以外、正規空母はそのほとんどが戦艦にも匹敵する大きさ・排水量を持つ大型艦であり、艦隊に所属して航空機運用の中核的役割を担うことから、本来は「**艦隊空母**」という言葉を充てるべきであろう。ゆえに本書でも、以降その呼称を用いる。

　艦隊空母は、文字通り艦隊において航空機運用を一手に担う存在であるが、排水量2万5000〜3万トン前後の大型艦ともなると、一朝一夕に建造できるものではない。大量建造が可能だったのは、戦前の比較で日本の8倍以上とされる国力を持っていたアメリカのみであった。アメリカは**エセックス級**を第二次大戦中に起工し、ネーム・シップの『エセックス』を含む26隻の同型艦が戦時中に就役。実戦で大きな実績を残した。だがイギリスや日本では、第二次大戦で活躍した艦隊空母の多くが、就役は大戦中ながら起工は戦前であった。

　例えば、イギリス海軍の第二次大戦における主力艦隊空母だった**イラストリアス級**の6隻は、1番艦から5番艦までが戦前の起工で、6番艦の『インディファティガブル』だけが第二次大戦勃発後の起工（開戦からわずか1か月後の1939年11月3日）である。日本では、戦時急造計画の一環として1942年に起工し、1944年に竣工した**雲龍型**3隻がある。パール・ハーバー攻撃で空母の威力を理解し、ミッドウェー海戦で4隻もの艦隊空母を失ったことが、この雲龍型の優先建造に拍車をかけた。

エセックス級（アメリカ）

エセックス級は、実績のあったヨークタウン級（戦前の竣工）の改良・発展型である。第二次大戦中に運用された艦隊空母のなかでは最大の100機前後（艦差がある）という航空機搭載能力を誇った。また厳密には装甲空母ではないが被弾や火災に強く、大戦中、一隻も戦没艦が生じなかった。

日本海軍の艦隊空母の建造計画（蒼龍型・飛龍型から派生した系譜）

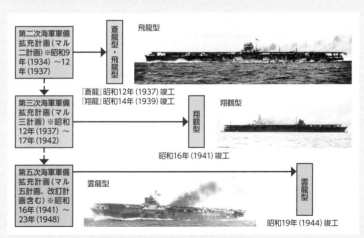

```
┌─────────────────┐   ┌─────┐   飛龍型
│第二次海軍軍備   │   │蒼龍型│
│拡充計画（マル   │──▶│・   │
│二計画）※昭和9  │   │飛龍型│
│年（1934）～12   │   └─────┘
│年（1937）        │
└─────────────────┘   『蒼龍』昭和12年（1937）竣工
        │             『翔龍』昭和14年（1939）竣工    翔鶴型
        ▼
┌─────────────────┐                        ┌─────┐
│第三次海軍軍備   │────────────────────────│翔鶴型│
│拡充計画（マル   │                        └─────┘
│三計画）※昭和   │
│12年（1937）～    │            昭和16年（1941）竣工
│17年（1942）      │
└─────────────────┘
        │
        ▼
┌─────────────────┐  雲龍型
│第五次海軍軍備   │                                ┌─────┐
│拡充計画（マル   │────────────────────────────────│雲龍型│
│五計画、改訂計   │                                └─────┘
│画含む）※昭和   │
│16年（1941）～    │            昭和19年（1944）竣工
│23年（1948）      │
└─────────────────┘
```

日本海軍は、飛龍型、蒼龍型、翔鶴型のほか、戦時中に雲龍型3隻と装甲空母『大鳳』1隻を新規建造した。日本海軍の建艦計画は数年にわたる長期間の軍備拡充計画であり、空母以外の艦種も含む膨大な建造計画だった。このうち艦隊空母の建造が予算計上されたのは表の3つの計画で、特にマル五計画は数度の改訂・補完が行われ、雲龍型はマル五とその全面改訂である改マル五計画で建造された。『大鳳』を除く7隻は、各型で排水量・構造等に差異はあるものの基本設計は似通っており、設計的には同系列の艦隊空母といってよい。

装甲空母

装甲防御を強化した
打たれ強い空母

　装甲空母とは、主要部分に装甲を施した空母を指す。本来、ほとんどの空母は、機関部周りや弾薬庫、燃料タンク回りなどに相応の装甲が施されている。にもかかわらず、あえて「装甲空母」という言葉が用いられるのは、一般的な空母に比べて、装甲が施されている範囲が広く、さらにその装甲厚も厚い空母を差別化するためである。装甲空母の概念の起源は、第二次大戦前夜から緒戦におけるイギリス海軍の要望と戦訓に基づくものとされている。当時、ヨーロッパ列強で空母を実戦運用していたのは同海軍だけであり、その空母部隊にとっての直接的な脅威は、洋上遠くまで進出可能な航続力を備えた多発の陸上機であった。しかも、これら多発機は**ペイロード（兵装搭載能力）**が大きいので大型で高威力の爆弾が搭載できた。空母側は爆弾命中時の被害軽減のために、爆弾が当たる水平面の装甲を強化する必要に迫られたのである。一方で、北海や地中海のような狭隘な海面では、空母機動部隊が水上戦闘艦部隊と不意に遭遇して直接的な砲火を交える可能性もあった。実際に1940年6月8日、ノルウェー沖で『グローリアス』がドイツ巡洋戦艦に捕捉され、砲戦によって撃沈されている。

　こういった理由に基づいて、イギリス海軍は大戦前夜に起工された『イラストリアス』級の飛行甲板、格納庫の側面壁と甲板（床）面に対し重装甲を施した。その結果、重量増加に伴う*復原性低下を防ぐために格納庫の高さを抑えねばならず、搭載機数が著しく減少した。だが敵が空母を保有していないので搭載機数がものをいう空母航空戦を考慮する必要がなく、イギリス海軍としては、空母自身の生存性だけに重きを置くことができた。日本海軍でも、ミッドウェー海戦で飛行甲板とその直下の格納庫への被弾から主力の空母を喪失した経験から、装甲空母『大鳳』を開発。装甲空母の強固な防御力を利して、単艦で空母部隊本隊よりも前進し、攻撃に耐えつつ航空機の中継基地として機能させるという運用法も検討されていた。

　＊復原性＝傾斜状態から回復する能力。

イラストリアス級の3番艦『ヴィクトリアス』は、大戦中期からアメリカ海軍と行動をともにした。日本海軍の特攻機に直撃されたものの、自慢の装甲のおかげで沈没を免れている。

『イラストリアス』の装甲

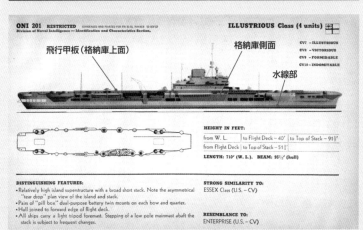

図はイギリス海軍の装甲空母『イラストリアス』の装甲が施された部分の概略（ベースの図はアメリカ海軍作成の艦艇識別表より）。格納庫上の飛行甲板に76ミリ、格納庫側面と舷側水線部に114ミリ、船体防御甲板にも76ミリの装甲を施した結果、装甲重量は排水量の20パーセント（通常の艦隊空母の倍近い）に達した。

イギリス装甲空母の搭載機数比較

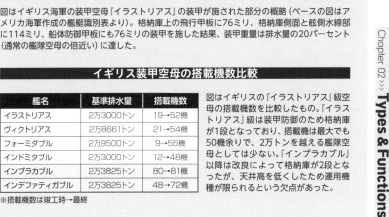

艦名	基準排水量	搭載機数
イラストリアス	2万3000トン	19→52機
ヴィクトリアス	2万8661トン	21→54機
フォーミダブル	2万9500トン	9→55機
インドミタブル	2万3000トン	12→48機
インプラカブル	2万3825トン	80→81機
インデファティガブル	2万3825トン	48→72機

※搭載機数は竣工時→最終

図はイギリスの『イラストリアス』級空母の搭載機数を比較したもの。『イラストリアス』級は装甲防御のため格納庫が1段となっており、搭載機は最大でも50機余りで、2万トンを越える艦隊空母としては少ない。『インプラカブル』以降は改良によって格納庫が2段となったが、天井高を低くしたため運用機種が限られるという欠点があった。

軽空母

脇役に留まらない活躍も!? 正規空母を補う小型空母

軽空母とは、艦隊空母(正規空母)に比べて排水量が小さい空母を指す。運用面から、艦隊空母の絶対数を補うため**準艦隊空母**として補助的に使用される空母を指す場合もある。こうした軽空母の誕生は両大戦間期に遡る。

「例えば90機の艦上機を運用する場合、その全部を搭載する大型空母1隻のほうが有利なのか、それとも、30機を搭載する小型空母3隻を揃えたほうが有利なのか」。空母の研究が進められていた戦間期、関係者の間でこんな疑問が生じた。船体の大きさにより搭載火砲の数や口径が増減し、それが艦の戦闘力に直結する戦艦や巡洋艦などとは異なり、艦上機が主武器となる空母では、船体の大小は搭載機数の多寡にこそ影響するものの、艦上機1機当たりの威力に違いが生じるわけではない。ゆえに、大型空母1隻がやられて90機全機が運用不能になるよりも、同じ90機を3隻の小型空母に分散し、たとえ1隻がやられても、残り2隻で60機が運用できるほうが有利ではないか、という議論だ。

そこで、実際に艦隊空母よりも小さい排水量1万～1万5000トン程度の空母が建造され、軽空母と称されるようになった。これらの軽空母は、艦上機を分散するメリットがある反面、船体が小さいことから、自艦用・艦上機用の燃料、弾薬搭載量が少ないというほか、いくつかのデメリットも明らかになった。艦隊空母に比べて補給の回数が増え、飛行甲板も格納庫甲板も狭隘なので艦上機の保守整備がやりにくく、大型の艦隊空母なら艦上機の運用が可能な程度の荒天でも、軽空母では不可能となる場合もあること、などである。

反面、建造費や維持費が安くすむ、戦力として十分に通用するといった理由から、軽空母は艦隊空母を補完するのに最適という結論も得られた。アメリカ海軍では、大量生産に入っていた軽巡洋艦の船体を転用した**インディペンデンス級**軽空母9隻を有効活用し、日本海軍も商船改造の軽空母を、航空機輸送のほか一部を準艦隊空母として使用している。

アメリカ海軍のインディペンデンス級軽空母『バターン』。飛行甲板前部に駐機しているのはF4F艦上戦闘機。

日本海軍の軽空母『鳳翔』。日本海軍の空母運用の歴史を拓いた空母だが、最大速度25ノット、搭載機数21機の性能は第二次大戦では実戦に不向きで、航空機輸送や訓練に従事した。

第二次大戦の代表的な軽空母の比較

艦名(国籍)	ベースの艦船	基準排水量	搭載機数	速力	同形艦
インディペンデンス級(アメリカ)	軽巡洋艦	1万1000トン	45機	32ノット	9
ユニコーン(イギリス)	新規設計	1万4750トン	35機	22ノット	1
龍鳳型(日本)	潜水母艦	1万3360トン	31機	26.5ノット	1
瑞鳳型(日本)	高速給油艦	1万1100トン	30機	28ノット	2
千歳型(日本)	水上機母艦	1万1190トン	30機	29ノット	2

図は、第二次大戦で運用された代表的な軽空母。一部を除き、ほとんどが他艦種からの改造だった。1隻のみの運用に留まったイギリス(ユニコーンは優れた航空機整備機能を備えており、航空機用工作艦的な運用を行った)以外は、複数の軽空母を実戦で運用している。アメリカとイギリスの軽空母は、いずれもカタパルトを装備しているが、日本の軽空母は未装備で、そのため大戦後期の高性能化した艦上機の運用には制限があった。

護衛空母

対潜護衛任務に適した
小型・低速の量産向き空母

護衛空母とは、輸送船団に随伴し、船団への攻撃を企図する敵航空機や、商船にとって最大の脅威である潜水艦の排除を主な任務とする艦種である。

第二次大戦が勃発すると、ドイツ海軍は潜水艦Uボートを使って、イギリスの生命線である**シー・レーン（海上交易路）**の遮断を企てた。

しかし当時の潜水艦は、今日の原子力潜水艦のように常に海中に潜りっぱなしというわけではなく、普段は浮上して行動し、戦闘時にだけ潜航する、いわば「可潜艦」であった。そのため、上空から遠方を見渡せるうえ、水深が浅ければ潜航中の潜水艦のシルエットを視認することもできる航空機は、駆逐艦以上に潜水艦狩りに適した兵器であった。

だが、輸送船団の数に見合うほどの艦隊空母はアメリカでさえも保有しておらず、もちろん他の国では数少ない貴重な艦隊空母を輸送船団の護衛に回すわけにはいかなかった。そこでイギリス海軍は、排水量8000〜1万トン級の商船の船体を利用して、軽空母よりもさらに簡易な空母を量産することを考えた。護衛空母の誕生である。

単独行動が基本の潜水艦を攻撃するには、せいぜい2〜3機をローテーションで常時在空させておけばよく、それに足りるだけの機数を搭載していれば十分だ。またイギリスは、自国の造船能力の限界から護衛空母の建造をアメリカに依頼したが、アメリカでは優秀な**油圧式カタパルト**が開発されていた。そのおかげで、低速の商船から改造された護衛空母でも、カタパルトの利用により**合成風力**の心配をせずに、いつでも艦上機を運用することができた。

一方、日本海軍も商船改造の空母を運用したが、これらは船団護衛を意図しておらず、あくまでも艦隊空母、軽空母の不足を補うものだった。日本においては、商船の護衛はもっぱら海防艦や旧式駆逐艦（のちに護衛駆逐艦を開発）の役目であり、しかも、これら改造空母を護衛空母に使えるほど量産できなかった。

アメリカ海軍初の護衛空母となった『ロング・アイランド』。貨物船をベースとした、アイランド（艦橋）すらないシンプルな全通飛行甲板型空母である。

多くのアメリカ製護衛空母のベースとなった戦時標準商船（写真上）。ブロック工法を採用した大量生産向きの汎用船で、1941〜45年にかけて大量に建造された。写真右は、その船体に貨物船的なイメージを色濃く残したボーグ級。

アメリカ海軍の代表的な護衛空母の性能

ボーグ級		カサブランカ級	
基準排水量	7800トン	基準排水量	7800トン
全長	151.1メートル	全長	156.2メートル
最大速度	18ノット	最大速度	19ノット
搭載機数	28機	搭載機数	28機
同形艦	11	同形艦	50

どちらも貨物船をベースにしているため速度こそ18〜19ノットと低速だが、空母航空戦のように多数機を短時間で発艦させる必要がない対潜水艦戦用の空母であるため、少数機のカタパルト発進で十分に対応可能であった。また、ボーグ級が貨物船改造であったのに対し、その後継であるカサブランカ級は、空母として完成させることを意図した特別な船形が用意された。

ヘリ空母

対潜と水陸両用戦に分化した空母の新機軸

　ヘリ空母とは、ヘリコプターを主として運用する空母を指す。垂直離着陸（STOVL）機を運用する空母についても同様の名称が用いられる場合がある。また過去には運用目的により、対潜作戦に従事する目的で装備・機種を搭載したヘリ空母を、別に**対潜ヘリ空母**として区別する場合もあった。

　ヘリコプターは第二次大戦末期に実用化された航空機だ。普通の飛行機のように固定翼によって揚力を発生させるのではなく、ローターを回転させて揚力を得て飛行するため、前者を**固定翼機**、後者を**回転翼機**とも称する。その最大の長所は、垂直離着陸ができる点にある。逆に欠点は、速度が遅いのと、固定翼機に比べて事故（故障）発生率が高いことだろう。

　だが海軍にとって、垂直離着陸ができるヘリコプターは重要な航空機となった。遭難した艦上機搭乗員の救助や重要な物資の緊急空輸のような補助任務だけでなく、ヘリコプターを使えば、**水陸両用戦**時に従来通りの海からの上陸に加えて、空からも部隊や兵器を揚陸できるからだ。さらに、ヘリコプターが注目されたのには、潜水艦が大戦中の「可潜艦」から戦後は「常潜艦」へと進化したことも大きく影響している。常時潜水が可能になったので対空火器を搭載しなくなった戦後の潜水艦を空から攻撃するべく、潜航中の潜水艦を探知しながら飛行するうえで、その低速が逆に有効だったからだ。

　このような理由から、アメリカ海軍は1940年代末、戦時中に量産した護衛空母の一部を改造して、ヘリコプターを専門的に運用するヘリ空母を生み出した。また、1950年代初頭に誕生した対潜空母も多数の対潜ヘリコプターを搭載したが、対潜戦＝**ASW（Anti-submarine warfare）**に従事する航空機は2〜3機で事足りるため、やがて後者は、ヘリコプター数機の運用設備を有する水上戦闘艦へとその任務を移行している。一方、前者はやがてイギリス海軍の**コマンドー空母**や、アメリカで発祥した強襲揚陸艦へと発展した。

ブラジル海軍の『ミナス・ジェライス』は、元はイギリス海軍の艦隊空母『ヴェンジャンス』で、ブラジルでは対潜哨戒機母艦として就役し、のちにヘリ空母となった。現在は退役。

艦隊空母のエセックス級は、戦後多くの艦種へと変身したが、対潜空母もその一つだった。写真は『ヨークタウン（Ⅱ）』で、1950年代末に対潜作戦支援空母に分類されている。近代化改修でアングルド・デッキを装備しており、ヘリコプターと固定翼機の両方が運用可能だった。

海上自衛隊の全通飛行甲板型護衛艦

現在、海上自衛隊が運用しているひゅうが型ヘリコプター護衛艦。ヘリコプター10機搭載。全通飛行甲板を持つが、世界的に固定翼機・回転翼機共用が多い中で珍しくSTOVL機（短距離／垂直離着陸機）の運用には対応していない。本型に続き、「19500トン型」と呼ばれていた、より大型のヘリコプター護衛艦いずも型が就役している。

原子力空母

作戦行動力が飛躍的に向上！原子力機関を搭載した空母

従来の**内燃機関**に代えて、**原子炉**を艦船の動力源に用いる試みは潜水艦から始まった。その理由は、動力源が原子力化されることで、狭隘な艦内から燃料タンクや蓄電池といった動力系の搭載物が不要になるだけでなく、「潜航しっぱなし」が可能となるからだ。端緒となったのは1954年に就役した世界初の**原子力潜水艦**『ノーチラス』だが、動力の原子力化のメリットは、当然ながら広大な洋上で作戦を行う水上艦にも当てはまった。アメリカ海軍は、原子力巡洋艦『ロングビーチ』、原子力フリゲート『ベインブリッジ』、**原子力空母『エンタープライズ』**を、1961年から62年にかけて相次いで就役させた。

これら**原子力水上戦闘艦**の運用実績から、原子力空母がきわめて有用であることが検証された。通常動力空母には不可欠の自艦用燃料の搭載スペースが不要となり、それらを全部、艦上機用の燃料や弾薬の搭載スペースにすることができ、原子炉から得られる豊富な動力により、巨艦であるにもかかわらず高速を出すことが可能となったのだ。しかも、一度稼働させた原子炉は日常の運転管理さえしっかり行っていれば、ある意味、内燃機関の維持よりも手がかからないという長所もあった。一方で、建造コストの上昇は大きなデメリットだった。『エンタープライズ』の建造費は約4億5000万ドルで、直前に建造された通常動力空母『キティホーク』は約2億6500万ドル。あまりに高過ぎるため、『エンタープライズ』の次に建造が承認されたアメリカ級2隻は、通常動力となった。しかし原子力空母のメリットは捨て難く、アメリカ海軍は1967年度予算で2隻目の原子力空母『ニミッツ』を建造。以来、計10隻の同型艦を就役させ、現在は次世代のジェラルド・R・フォード級の就役が始まっている。こうした高コストの原子力空母の建造はどの国でも可能ではなく、原子力への理解も建造・運用に不可欠である。ほかには原子力開発に積極的なフランスが2001年5月に就役させた『シャルル・ド・ゴール』が存在する程度である。

アメリカ海軍の原子力水上戦闘艦トリオ

デモンストレーションのため接近して航行する、世界初の原子力艦隊。手前から原子力空母『エンタープライズ』、原子力巡洋艦『ロングビーチ』、原子力フリゲート『ベインブリッジ』。アメリカの海軍力（と国力）を見せつけるかのような原子力艦隊の登場は世界を驚かせた。

加圧水型原子炉推進装置の構造概念図

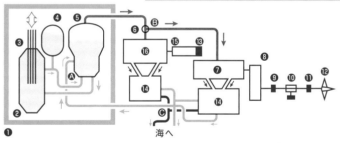

❶遮蔽、❷原子炉、❸制御棒、❹加圧器、❺蒸気発生器、❻スロットル弁、❼メイン・タービン、❽減速機、❾クラッチ、❿二次推進モーター（低速用電動機）、⓫推力軸受け、⓬スクリュー、⓭バッテリー、⓮復水器、⓯電動発電機、⓰ターボ発電機

原子力機関は、原子炉内で起きる核分裂による高熱を利用し、加圧器を通して高圧化された一次冷却水（Ⓐ沸騰していないが高温）により蒸気発生器の水を沸騰させ、その蒸気（Ⓑ）をメイン・タービンに送って高速回転させる。回転力はスクリューに伝えられ、推進力となる。メイン・タービンを回転させた蒸気は復水器で水（Ⓒ）に戻され、再び蒸気発生器に送られる。このサイクルが繰り返されるのである。また蒸気の一部は発電にも使用される。

水上戦闘艦から発展した異色の空母たち

　純然たる空母には及ばないが、空母の代替としての役割を期待された変種とも言うべき艦種もある。

　日本海軍は大戦勃発直前、艦中央部よりも後ろの後部甲板全体を、水上機を運用するための航空関連設備とした重巡洋艦（実態は**航空巡洋艦**）『利根』と同型艦『筑摩』を就役させた。同型は最大で6機の水上機を搭載でき、偵察が主任務の巡洋艦戦隊の能力向上だけでなく、空母機動部隊の艦上機による索敵を支援する役割も担った。またミッドウェー海戦で一挙に4隻もの艦隊空母を失った日本海軍は、新造空母竣工までのつなぎとして伊勢型戦艦の『伊勢』と『日向』を部分改造し、黎明期の改造空母さながらに空母化する計画を進めた。艦後部に搭載された連装主砲塔2基を撤去し、そこに利根型と同じ要領で飛行甲板が設けられた。こうして「**航空戦艦**」に生まれ変わった伊勢型は、当初、2隻で1個戦隊を組み、1隻あたり艦上爆撃機『彗星』22機を搭載して敵空母の攻撃に専従するという案もあったが、のちには搭載機の一部を水上機にすることも検討されている。だが結局、両艦とも航空運用はされることなく終戦を迎えた。

　このようなキメラ的軍艦は、冷戦期にも登場している。アメリカの戦略核ミサイル搭載潜水艦を恐れていたソ連は、利根型や伊勢型のように艦後部に飛行甲板を設けて多数の対潜ヘリコプターを運用する**モスクワ級対潜航空巡洋艦**を1960年代末に就役させた。さらに1975年から1987年にかけて、モスクワ級よりも進んだ**キエフ級重航空巡洋艦**4隻が相次いで建造されている。同級は、艦前部は「普通の軍艦」だが、中央部の脇から後部全体にかけて斜めに飛行甲板が設けられた変則的なデザインに特徴があった。このような船型になった理由は、対潜ヘリコプターに加えてV/STOL戦闘攻撃機ヤコブレフYak-38フォージャーを運用するためで、ゆえに同級は「ソ連初の空母」と称されたが、実態はヘリ空母または対潜空母に近いものだった。

後部を飛行甲板に改造した航空戦艦『伊勢』。搭載する航空機の選定に手間取るうちに使い道がなくなり、結局は大幅に強化した対空兵装による防空砲台の役割を果たすに留まった。

キエフ級航空重巡洋艦は、ソ連独特の巡洋艦・ヘリ空母折衷艦であった。斜め渡しの離発着甲板がわかる。

ソ連海軍の航空巡洋艦の装備

艦名	主な固定武装	航空機
モスクワ級	57ミリ連装砲×2、連装SAM発射機×2、連装SUM発射機×1、533ミリ5連装魚雷発射管×2、12連装対潜ロケット発射機×2	対潜ヘリコプター×14
キエフ級	76.2ミリ連装砲×2、連装SAM発射機×4、連装SUM発射機×1、30ミリ連装高角砲×2、連装SSM発射筒×2、533ミリ5連装魚雷発射管×2、12連装対潜ロケット発射機×2	V/STOL機×12 対潜ヘリコプター×16

表はソ連海軍の航空巡洋艦の装備を比較したもの。モスクワ級は搭載機数14機と、同時期の各国のヘリコプター搭載巡洋艦が6機前後だったのと比較して多かった。キエフ級はV/STOL機Yak-38を搭載したことから航空母艦の範疇に加えられたが、Yak-38は航続距離が短く、兵装搭載能力も低いため運用範囲が限られた。両級とも通常の巡洋艦並みの固定兵装を持っていることがわかる。

強襲揚陸艦

上陸と内陸部強襲を担う
水陸両用戦空母

強襲揚陸艦は、その名の通り上陸作戦に従事する軍艦だ。ヘリコプターの発達により、ヘリコプター空母やコマンドー空母の出現が促されたことは既述したが、その結果、海からに限定されていた「上陸作戦」に空からのヘリボーン(ヘリコプター空挺)が加わり、空・地立体の「着・上陸作戦」が可能となった。

従来の上陸作戦はLST(戦車揚陸艦)や攻撃輸送艦、ドック型揚陸艦などが従事し、ヘリボーンを実施する艦はそれとは別だった。そこで、世界でもっとも大規模、かつ強力な**水陸両用戦部隊**である海兵隊を擁するアメリカ海軍は、ヘリボーンと上陸作戦によって三次元化した水陸両用戦に対応可能な艦種を生み出した。それが強襲揚陸艦である。

ドック型強襲揚陸艦の構造(アメリカ海軍ワスプ級)

写真はアメリカ海軍のワスプ級強襲揚陸艦。ドック型の名称の由来となっているのは、上陸に使用するエア・クッション型揚陸艇(LCAC)などが艦内から直接海面にアクセスできる艦尾のランプ構造による。同級はヘリコプターのみなら42機搭載可能で、ヘリ揚陸艦、揚陸指揮艦、貨物揚陸艦など、従来の多くの揚陸作戦用艦艇の機能を一隻でまかなえる多機能艦である。

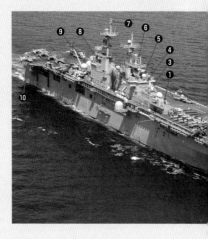

❶シー・スパロー短SAMランチャー、❷近接防御SAMランチャー、❸20ミリCIWS、❹航海艦橋、❺Mk.78射撃指揮レーダー、❻SPS-48三次元レーダー、❼衛星通信アンテナ、❽航空管制指揮所、❾航空管制レーダー、❿エレベーター、⓫着発艦ランプ、⓬航空機格納庫、⓭車両格納庫、⓮SATCOMアンテナ、⓯離発着甲板

　強襲揚陸艦は、各種のヘリコプターに加えてV/STOL機まで搭載しており、これらの艦上機を運用する必要上、一見すると空母のような艦型を持つ。だが、**CTOL機を運用するための蒸気カタパルトやアレスティング・ワイヤー（制動索）**は備えておらず、その実態は、ドック型揚陸艦に全通飛行甲板を設けたものといえばわかりやすいだろう。

　強襲揚陸艦1隻で、増強された連隊規模（アメリカの場合は海兵隊遠征隊＝MEU（Marine Expeditionary Unit）の地上部隊とその重装備を載せ、輸送ヘリコプターや攻撃ヘリコプターを20～25機程度、V/STOL機を4～8機程度搭載したうえ、エア・クッション型揚陸艇や上陸用舟艇も2～3隻程度積載している。そして、輸送ヘリコプターと舟艇に分けて地上部隊を着・上陸させ、それを攻撃ヘリコプターやV/STOL機が空から支援する。つまり極端に単純化していえば、「1隻で水陸両用戦のすべてをこなしてしまう艦種」、それが強襲揚陸艦ということになる。今日、世界の海軍が「空母」の名目で保有している艦のなかには、その実態が強襲揚陸艦というものも少なくないが、F-35Bの登場が同艦種に大変革をもたらそうとしている。

C-2

空母の名前は
どのように付けられる？

各国の空母名に見る法則性

　世界の海軍では、艦種や艦型によって命名に法則性を持たせていることがほとんどだ。もちろん空母も軍艦である以上、この原則に従って命名されている。

　まずは旧日本海軍だが、吉祥に絡む、空を飛ぶ架空のものも含めた生物の名詞を付けた。『蒼龍』、『翔鶴』、『神鷹』、『大鳳』などで、このうち『○鷹』と付けられたのは民間商船からの改造空母である。また、日本の古い地名は戦艦の艦名に、山の名前は巡洋戦艦の艦名にそれぞれ使われていたが、建造途中で空母に改造された戦艦『加賀』、『信濃』と、巡洋戦艦『赤城』は元の艦名のままで運用された。戦時急造の雲龍型では、ネーム・シップの『雲龍』以降の各艦には『天城』、『葛城』、『笠置(未完)』、『阿蘇(未完)』、『生駒(未完)』と、巡洋戦艦と同じく山の名前が付けられている。

　アメリカ海軍の場合は、当初は明確な命名法則を持たなかった。例えば最初の空母の『ラングレー』はライト兄弟と並ぶアメリカ航空界の先駆者の名であり、続くレキシントン級は巡洋戦艦からの改造だが、『赤城』と同様に巡洋戦艦向けに定められた独立戦争時の古戦場名を継承した。これが契機となり、以降、例外もあるが独立戦争関連の戦場名や同戦争に縁の深い人名などが空母の艦名になったが、大戦勃発後はルーズヴェルト大統領の要望もあって、今次大戦の戦場名も採用された。また、護衛空母には瀬や湾、島の名前が付けられたが、同じ要望により、一部には今次大戦の戦場となったそれらの名が付けられた。現代のスーパー・キャリアには、偉功のあった大統領と海軍関係者の名が付けられている。

　空母発祥の国であるイギリスは、当初はばらばらの名称を用いていたが、やがて、例外も含まれるものの各級ごとに系統的な名称が付けられるようになった。有名なところでは、第二次大戦中のイラストリアス級に付けられた形容詞の艦名があるが、その源流は、第一次大戦時に建造され、のちに空母に改造された大型軽巡洋艦『フューリアス』にある。また、アメリカから供与された護衛空母には、『アタッカー』や『ストーカー』のような「○○をする人」、または『ラジャ』や『シャー』のように、世界各地の王族の長を示す名称などが付けられた。

第三章

艦上機の種類と役割

空母の攻撃力・作戦能力を担う艦上機には、
どんな種類があるのか。また、それぞれの機種には
どんな役割があり、どのような発達を遂げてきたのか。

どんな性能が必要か？
時代を映す艦上機への「要望」

　空母上で運用される航空機を、陸上基地で運用される「**陸上機**」と区別するため、特に「**艦上機**」と称する。だが、初めて空母ができた頃はまだ専用の艦上機は開発されておらず、「空母上で使いやすい条件」を備えた陸上機を流用していた。以下がその条件である。第一に、短距離で発着艦できること。第二に、乱暴な着艦や艦上での整備不足にも耐えられる頑丈な機体であること。第三に、狭い艦上でも容易に扱うことができるよう小型であること。これらの条件にかなう陸上機を、とりあえず艦上機にしたのである。

　やがて空母の運用形態が徐々に確立され、合わせて、艦上機に求められる次のような要件も確立された。カタパルト発艦のための**ブライドル・フック**の設置、着艦時の制動のための**テイル・フック(尾部着艦フック)**の装備、収容スペースを増大させるための**主翼折り畳み機構**の装着、着艦時の強烈な衝撃に耐えられる頑丈な**ランディング・ギア(降着脚)**とパンクしにくいタイヤの採用、不時着水時に機体をできるだけ浮かせておくための**予備気室**の組み込み、航法目標のない洋上を飛行し空母に帰るための**ホーミング・ビーコン(帰投用信号)**関連機器の搭載、不時着水時に使用する**救命ボート**の機外収納庫の設置、長時間の洋上飛行でパイロットにかかる負担を軽減する簡易な**オート・パイロット(自動操縦装置)**の装備、などである。またパイロットのほかに、洋上での航法を支援し、無線機器やレーダーなどの電波兵器を扱い、自衛用の後部機銃を操作する**ナヴィゲーター／ラジオ・オペレーター(航法士／通信士)**といった複数のクルーが搭乗する機体も、特に艦爆や艦攻に多く見られた。

　局限された条件で最高の性能を発揮すべく設計される艦上機は、往々にして、同じ任務に就く陸上機を性能的に凌駕する。顕著な例はF4ファントム艦戦やA7コルセアⅡ軽艦攻などで、当初は艦上機として開発されたが、優秀だったため空軍にも大量に採用され、実戦で大活躍した。

艦上機に求められる要件の変化

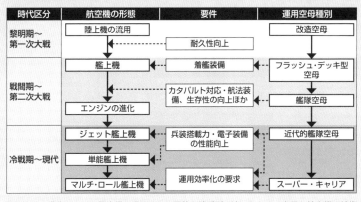

時代区分	航空機の形態	要件	運用空母種別
黎明期～第一次大戦	陸上機の流用	耐久性向上	改造空母
戦間期～第二次大戦	艦上機 / エンジンの進化	着艦装備 / カタパルト対応・航法装備、生存性の向上ほか	フラッシュ・デッキ型空母 / 艦隊空母
冷戦期～現代	ジェット艦上機 / 単能艦上機 / マルチ・ロール艦上機	兵装搭載力・電子装備の性能向上 / 運用効率化の要求	近代的艦隊空母 / スーパー・キャリア

図は空母の進化とともに艦上機に求められる要件を時系列で追ったもの。空母と航空機の技術進化と並列して、運用効率や耐久性の向上が求められた。

外観から見た第二次大戦艦上機の装備

写真・イラストは、第二次大戦で活躍したアメリカ海軍のF6F艦上戦闘機を例に、艦上機固有の空母運用に対応した装備を示す。❶主翼折り畳み機構（本機では90度ひねって後方に折り畳む仕組み）。❷ブライドル・フック（カタパルト発艦時に、射出機構と機体をワイヤー接続する）。❸ランディング・ギア（陸上機のものと比べ衝撃緩衝機構などが強化されている）。❹テイル・フック（着艦時に飛行甲板上のアレスティング・ワイヤーを引っ掛ける。本機では尾部から長く引き出される）。❺ドロップ・タンク（落下式増加燃料タンク。陸上機も使用するが、もともとは艦上機の洋上飛行能力向上のため開発された）。

専用機種への細分化を経て
現在は万能機が主流に

　初めて空母ができた頃は、前項で述べたように「空母上で使いやすい条件」を備えた陸上機を艦上機にしていた。その結果、必然的に小型戦闘機が用いられることになったが、当時の艦上機の任務は**艦隊防空**、**偵察**、**着弾観測**であり、小型戦闘機1機種で十分にことが足りた。ところが第一次大戦末期に水上機が**雷撃**で敵艦船の攻撃に成功すると、小型戦闘機よりも大型で「**艦上攻撃機（艦攻）**」と呼ばれる**艦上雷撃機**（偵察機を兼ねる）が開発され、艦上機は**艦上戦闘機（艦戦）**と艦攻の2機種となった。1930年代に至ると、艦船への急降下爆撃の有効性が証明されて、**艦上急降下爆撃機（艦爆）**が開発され、艦上機は艦戦、艦攻、艦爆の3機種となる。だが、運用する機種が増えると狭い空母上での整備・補修の煩雑化を招いた。第二次大戦前夜のイギリス海軍では、艦戦兼艦爆と艦攻兼艦偵というマルチ・ロール（複合任務）化により2機種に絞っていたが、大戦が始まると早晩、**単能機**に比べて性能の不足が目立つことが判明した。

　第二次大戦中に艦戦の大馬力化が進み、大戦末期には兵装を艦爆並みに搭載できるようになったため、艦爆を減らして艦戦を「**艦上戦闘爆撃機**」として運用し、必要に応じて艦戦にも艦爆にも利用するマルチ・ロール化が図られた。一方で、核爆弾の実用化に伴い、当時の大重量のそれを搭載可能な**重艦上攻撃機（重艦攻）**が開発され、従来の攻撃任務用には、艦戦よりも爆弾搭載量は大きいが、重い核爆弾は積めない**軽艦上攻撃機（軽艦攻）**が開発された。その結果、1950年代から80年代のアメリカ海軍は、艦戦、重艦攻、軽艦攻、**艦上偵察機**、**早期警戒機**、**電子戦機**、**対潜哨戒機**、**輸送機**という多様な機種を空母に配備し、そのほとんどが単能機という不合理な状態に甘んじなければならなかった。ところが**東西冷戦**の終了とその後の**低烈度戦争**への対応の過程で、航空技術の発達も手伝ってアメリカ海軍艦上機のマルチ・ロール化は一気に進んだ。現在は、一機種で艦戦、艦攻から偵察機、電子戦機まで兼ねるようになってきている。

艦上戦闘機の先駆けとも言えるイギリスのソッピース・パップ。だがパップは通称で、本来はソッピース・スカウトという名称の小型偵察・戦闘機で、その軽快さが空母での運用に適していた。

図は空母黎明期から現代までの艦上機機種の大まかな推移を示す。航空機関連技術の中で、動力であるエンジンの出力向上の影響は、第二次大戦期では搭載能力向上により機種統合化が促され、戦後から冷戦期のジェット化では、新たな戦術の模索と変化に対応した機種の細分化という正反対の形で現れている。

艦上機の機種変化

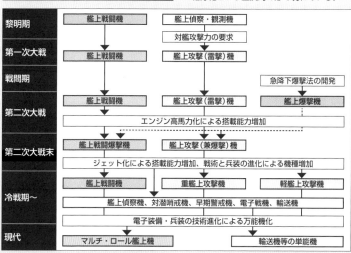

黎明期	艦上戦闘機	艦上偵察・観測機	
		対艦攻撃力の要求	
第一次大戦	艦上戦闘機	艦上攻撃(雷撃)機	
戦間期			急降下爆撃法の開発
第二次大戦	艦上戦闘機	艦上攻撃(雷撃)機	艦上爆撃機
	エンジン高馬力化による搭載能力増加		
第二次大戦末	艦上戦闘爆撃機	艦上攻撃(兼爆撃)機	
	ジェット化による搭載能力増加、戦術と兵装の進化による機種増加		
冷戦期〜	艦上戦闘機	重艦上攻撃機	軽艦上攻撃機
	艦上偵察機、対潜哨戒機、早期警戒機、電子戦機、輸送機		
	電子装備・兵装の技術進化による万能機化		
現代	マルチ・ロール艦上機	輸送機等の単能機	

航空機のジェット化時代の到来は、空母自体にも変革を求め、飛行甲板の改良や形状変化を促した。写真は1950〜60年にかけて艦上戦闘機として活躍したグラマンF9Fパンサー。

ジェット時代にも陸上機が艦上機化されている。写真はアメリカ海軍と海兵隊で1950年代半ばから60年代末まで使用されたFJ-4フューリーで、朝鮮戦争で活躍したF-86セイバーの海軍向け版シリーズの最終型。朝鮮戦争当時、アメリカ海軍のジェット艦上戦闘機は北朝鮮軍のソ連製戦闘機に性能面で劣っており、その劣勢を補うために艦上機化(FJ-4はほぼ新設計)が行われた。

艦隊と攻撃隊を守る
航空戦の中心的機種へ

艦上戦闘機（艦戦）は、空母とその所属艦隊の防空、艦攻や艦爆の護衛を任務とする制空戦闘用の機種である。空母の黎明期には艦上機に明確な種別はなく、当初は艦隊上空に飛来する飛行船を迎撃するための機種と、偵察ができ、加えて敵艦への雷撃が可能な機種が求められたが、このうちの前者が艦上戦闘機となった。

発艦のための**滑走距離**が限られ、しかも狭隘な空母上で運用される艦上戦闘機には、要求性能の面でさまざまな条件や制約がある。例えば、洋上を飛行するので**航続距離**が長いこと、短距離での離着艦向けに空力性能が優れていることなどである。

こういった厳しい条件を満たすため、艦上戦闘機の設計は非常に難しく、誕生した機体には、同時代の陸上戦闘機にはない優れた面をもっている機種も稀ではなかった。第二次大戦時では、長大な航続性能を持つ日本海軍の**零式艦上戦闘機（零戦）**や、優れた格納性と機体強度を備えたアメリカ海軍の**グラマンF4Fワイルドキャット**などがその典型である。

一方、イギリス海軍は単能の機種ではなく、**マルチ・ロール機種**の開発に情熱を傾けていた。これはスペースに限りがある空母に可能な限り多数の機体を搭載しようという方針によるもので、空軍の単発軽爆撃機から開発された**フェアリー・フルマー**や、**ブラックバーン・スクア**、**フェアリー・ファイアフライ**の両戦闘爆撃機などが代表例である。だが、第二次大戦勃発直後の技術ではこれらマルチ・ロール機は性能的に単能機にかなわず、イギリス海軍は空軍の使用機を艦上戦闘機化するとともに、アメリカ製の艦上戦闘機の大量導入で対処している。

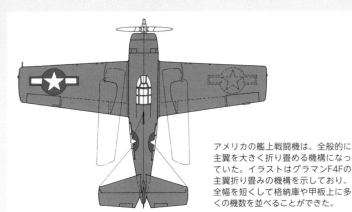

アメリカの艦上戦闘機は、全般的に主翼を大きく折り畳める機構になっていた。イラストはグラマンF4Fの主翼折り畳みの機構を示しており、全幅を短くして格納庫や甲板上に多くの機数を並べることができた。

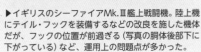

◀イギリスのフェアリー・フルマー艦上戦闘爆撃機。陸上機であるバトル軽爆撃機がベースの機種で、純然たる艦戦に比べると性能は劣ったものの、大戦初期の港湾攻撃作戦や護衛任務で活躍した。

▶イギリスのシーファイアMk.Ⅲ艦上戦闘機。陸上機にテイル・フックを装備するなどの改良を施した機体だが、フックの位置が前過ぎる（写真の胴体後部下に下がっている）など、運用上の問題点が多かった。

第二次大戦艦上戦闘機の性能比較

機種名	最大速度	航続距離	兵装搭載重量
グラマンF4Fワイルドキャット	515キロ/時	1240キロ	約250キログラム
グラマンF6Fヘルキャット	612キロ/時	1540キロ	約1トン
三菱　零式艦上戦闘機二一型	533.4キロ/時	2222キロ	最大120キログラム
三菱　零式艦上戦闘機六二（六三型）	542キロ/時	1520キロ	250（500）キログラム
スーパーマリンMk.Ⅲbシーファイア	584キロ/時	1160キロ	約225キログラム

図は第二次大戦の日英米の艦上戦闘機の比較（航続力はドロップ・タンク装備時の数値）。イギリスのシーファイアを除き、設計段階から艦上機として開発された機種。突出して高出力の2000馬力級エンジンを搭載したアメリカのF6Fの兵装搭載能力、軽量化設計を徹底した日本の零式艦上戦闘機の航続力など、特色が表れている。

ジェット化により
速度と搭載量が劇的に進化！

　第二次大戦末期になると、エンジン出力が向上し艦戦のペイロードは著しく増加した。その結果、空戦だけでなく対地・対艦攻撃が艦戦の二義的任務となった。だが、戦後も艦隊空母を保有したアメリカ、イギリスの両海軍は、ジェット時代に入ると、空母の黎明期からの命題ともいえる運用機種の削減に直結する艦戦の**マルチ・ロール化**には慎重に臨み、戦闘機として優秀であることを求めた。なぜなら、戦後の空母の艦戦に課せられた任務は、艦隊防空や艦攻の護衛だけでなく、外国との紛争時や**水陸両用戦**に際して、当該の空域の制空権を完全に確保することも含まれるからである。

　米海軍では、1950年代末から60年代初頭にかけて開発された**超音速艦戦**の**ヴォートF8Uクルセーダー**や**マクダネル・ダグラスF4ファントムⅡ**がベトナム戦争で活躍した。昼間戦闘機として開発された前者は20ミリ機関砲4門を装備していたが、全天候戦闘機として開発された後者は、当初、機関砲の類を一切装備しなかった。当時の西側陣営では、ジェット戦闘機同士の空戦では速すぎて銃撃が困難なので、機関砲に代えて**誘導ミサイル**が主要空戦兵器になるという理論が普及していたためである。ところが戦訓により、ジェット機でも機関砲なくして空戦は戦えないということが判明したのだった。ファントムⅡの後継の**グラマンF14トムキャット**は、艦隊防空と制空に特化していた。**ドッグ・ファイト**に対応して運動性に優れるだけでなく、1機で180キロ以上も彼方の24もの目標を追尾し、そのうちの6目標を同時に攻撃できる**フェニックス長射程ミサイル**と**FCS(火器管制装置)**を装備した。これは、当時のソ連海軍航空隊の**対空母機動部隊戦術**、多数の爆撃機から多数の**対艦巡航ミサイル**を一斉発射する**飽和攻撃**に対応したものだった。しかし冷戦の終結で空母機動部隊への**航空脅威**が低減。F-14の存在価値は低下し、代わって戦闘機の記号の「F」と攻撃機のそれの「A」を併せ持つ、マルチ・ロール機のF/A18ホーネットが主力艦戦となった。

発艦するアメリカ海軍のグラマンF9F-2クーガー艦上戦闘機。1950年代初期に運用が開始されたF9Fパンサーの主翼を後退翼へと変更して性能向上をはたした。

アメリカ海軍のみならず空軍機としても一時代を築いたマクダネル・ダグラスF4ファントムII艦上戦闘機。技術の進歩により高精度かつ複雑化したレーダー、火器管制装置等の電子装備に対応して乗員は2名となり、兵装搭載能力の増大要求に応えてエンジンは双発化、機体は従来の1名・単発の艦戦よりもかなり大型化したが、任務対応能力は大きく増加した。

当初はF-4の後継機種であると同時にF-14を補う機種として開発が始まったF/A-18ホーネット。現在は改良が進み、E/F型（スーパー・ホーネット）がアメリカ海軍の各空母に搭載されている。

艦上攻撃機

爆撃・雷撃をともにこなす
対艦攻撃の中心的機種

　艦上戦闘機と同じく、空母の黎明期から敵艦に魚雷を放つ**艦上雷撃機**は求められていたが、その背景には、「水線下に穴を開ければ船は沈む」という単純な理由に加えて、第一次大戦中、水上機による雷撃が戦果をあげたという実績があった。こうして艦上雷撃機は、「艦隊防衛用」の艦上戦闘機とワンセットの「敵艦隊攻撃用」の機種として、空母に不可欠の存在となった。艦上雷撃機は、敵艦隊の雷撃に向かうため長駆洋上を飛行するので、当時の**航法テクノロジー**では、操縦士（パイロット）のほかに**航法士（ナヴィゲーター）**が不可欠だった。そこでこの航法士に**偵察員**を兼務させることで、艦上雷撃機は艦上偵察機としても使用できた。そのうえ、**爆撃照準器**を装備し3人目の乗員として**爆撃手兼通信士**を乗せるように設計すれば、雷撃だけでなく**水平爆撃**も行えた。

　このように、艦上雷撃機は本来の雷撃任務に加えて、1機種で水平爆撃と偵察もこなせるマルチ・ロール機種のはしり的存在となったため、第二次大戦勃発の時点で、空母を擁するアメリカ、イギリス、日本の3国はいずれもこれを保有していた。面白いのは、アメリカの**ダグラスTBDデヴァステーター**、日本の**九七式艦攻**のどちらも金属張りの機体に単葉で引き込み脚だったが、イギリスの**フェアリー・ソードフィッシュ**は羽布張り機体に複葉で固定脚という、外見的には第一次大戦時の**三座機**とほとんど変わらない旧態依然とした設計だったことだろう。だが、同海軍の主戦場となった大西洋上では敵の戦闘機と遭遇する機会が少なかったおかげで、**複葉機**には似つかわしくない**機上レーダー**や**ロケット弾**のような最新装備に身を固め、終戦まで第一線で使われ続けた。

　デヴァステーターの後継機種である**グラマンTBFアヴェンジャー**と九七式艦攻は、ともに**対潜哨戒機**としても重宝されたが、ソードフィッシュもまた護衛空母に搭載され、優秀な「**Uボート・キラー**」として、大戦初期から中期にかけて船団護衛などに大活躍している。

空母『アークロイヤル』の上空を旋回するイギリスのソードフィッシュ艦上攻撃機。主翼下にロケット弾架（矢印）が見える。兵装搭載時で200キロ／時台の速度しか出せない旧式機だが、枢軸国側に有力な空母戦力がなかったことなどから大いに活躍した。

1930年から40年にかけて、機体の全金属化・引き込み脚採用といった当時最先端の技術を取り入れた新鋭機の開発が各国で進んだ。写真はアメリカのデヴァステーター艦上攻撃機で、日本の九七式艦攻とともに近代的艦攻の先駆けとなった。

艦攻・艦爆統合の先駆け・艦上攻撃機『流星』

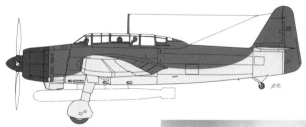

大戦末期に日本海軍が制式化した最後の艦上攻撃機『流星』。日本海軍は第二次大戦で九七式艦攻とその後継機の『天山』を運用したが、『流星』は従来の艦攻に加え、艦爆の役割も兼務する統合機種であった。写真は米軍に鹵獲された機体で、主翼を大きく折り畳む機構がわかる。

艦上爆撃機

高い精度で爆弾を叩き込む
急降下爆撃が可能な専用機

水平爆撃が艦上攻撃機の任務だったのに対し、**艦上爆撃機**は**急降下爆撃**を行う機種である。だが、艦戦と艦攻に比べて艦爆はその登場がやや遅れた。なぜなら、航空機による急降下爆撃という攻撃方法の確立と、その対艦攻撃時の有効性の認知が遅かったからである。

実戦で初めて急降下爆撃を実施したのは、1919年にハイチに出兵したアメリカ海兵隊航空隊だったとされる。その直後の1921年から23年にかけて、「アメリカ軍事航空の父」とも称される陸軍航空隊のウィリアム・ミッチェルが、不可能を主張する海軍を尻目に、敗戦国ドイツから現物賠償で得た戦艦や巡洋艦を爆撃によって撃沈した。これを受けてアメリカ海軍は、「軍艦は決して航空機に対し脆弱ではない」として反証実験を実施する一方で、爆撃を回避する艦船に対し、より正確に爆弾を命中させる方法として「面爆撃」の水平爆撃に代わる「**ピンポイント爆撃**」の急降下爆撃を考案。世界初の艦爆、**カーチスF8Cファルコン**（のちにヘルダイヴァー）を1928年に導入した。

第二次大戦勃発時、アメリカは**ダグラスSBDドーントレス**、日本は**九九式艦爆**、イギリスは**ブラックバーン・スクア**を艦爆としていたが、アメリカとイギリスはどちらも艦爆に偵察任務を付与していた。また、急降下爆撃機は機動性に優れるため、ドーントレス、スクアともに艦戦の代用をはたすことが二義的任務とされており、1939年9月26日、『アーク・ロイアル』の第803中隊に所属するスクアがドルニエDo-18飛行艇を撃墜したが、これが、第二次大戦におけるイギリス側のドイツ機初撃墜として記録されている。

大戦中期以降は**カーチスSB2Cヘルダイヴァー**、**フェアリー・バラクーダ**、**彗星**といった新機種が登場したが、特にアメリカでは艦戦のエンジン出力の向上にともなってペイロードが増加し戦闘爆撃機化。大戦末期には艦爆へのニーズが薄くなった。

艦上爆撃機特有の装備

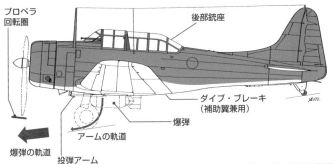

- プロペラ回転圏
- 後部銃座
- ダイブ・ブレーキ（補助翼兼用）
- 爆弾
- アームの軌道
- 爆弾の軌道
- 投弾アーム

図はアメリカのSBDドーントレスを例に艦爆特有の機構を示す。急降下爆撃は、目標に対して機体を急角度（50～60度）に傾けて投弾するため、プロペラにぶつからないよう回転圏外に爆弾を放る（写真）投弾アームが装備されていた。また急降下速度が上がりすぎると投弾後の機体引き起こし・退避が困難になるため、降下速度を抑制するダイブ・ブレーキ（主翼前部等、取り付け位置は機種により異なる）も装備されていた。

イギリス初の艦爆であるブラックバーン・スクア。大戦初期にはソードフィッシュ艦攻とともにイギリス空母の対艦戦力の基幹であった。

日本海軍の九九式艦爆。旧式なイメージが拭えない固定脚式の機体だが、連合軍艦船を最も多く（総トン数）撃沈した航空機として知られる名機である。

艦上偵察機

広範囲を索敵し情報収集する機動部隊の「眼」

　第二次大戦勃発の時点で、アメリカ、イギリス、日本の艦上偵察機事情は若干異なっていた。

　アメリカ海軍は特別に艦偵を開発することなく、複座のドーントレス艦爆の二義的任務として、偵察と艦戦の代役という二つの任務を付与していた。つまり同機は、今日のマルチ・ロール機のはしり的存在として扱われていたのである。その後、ヘルダイヴァー艦爆に代わると、さすがに艦戦の代役とはならなかったが、偵察任務には従事している。アメリカの艦爆は戦争初期の時点ですでに**機上レーダー**を装備しており、無線通信機器の性能も優れていたため、これら電波兵器の操作に専念する「3人目の乗員」が不必要だった。しかも単座の艦戦でも通信操作が容易に行えたので、特に大戦中期以降は、艦爆に代えて進出速度が速く自衛能力が高い艦戦を偵察に使用することも少なくなかった。

　イギリス海軍では、アメリカと同様に偵察はソードフィッシュやスクアの二義的任務だった。一方で、同海軍は敵艦隊に長時間接触し続けられる長時間低速飛行性能を備えた、**フリート・シャドゥアー（艦隊追尾偵察機）**という独特の艦上機の開発を試みた。競合試作された**エアスピードAS39**と**ゼネラル・エアクラフトGAL38**がそれだ。しかし、第二次大戦の早い段階でソードフィッシュのような艦攻に機上レーダーが装備され、電波による常時接触が可能となったため実用化には至らなかった。開戦時の日本海軍もまた、偵察は**九七式艦攻**の二義的任務だった。同機は航続距離が長いだけでなく、連合国に比べて操作性と性能に劣る国産の無線通信機を操作するうえで、3人目の乗員がいるので都合がよかったからだ。続いて、高速艦爆として開発された**彗星**が採用される前段階で、これを**二式艦上偵察機**として制式化。さらに専門の高性能艦偵として**彩雲**を開発したが、制式化された戦争末期には同機の運用が可能な大型空母が存在しておらず、結局、陸上基地からの運用だけで終わっている。

艦上偵察機の代表的な座席配置

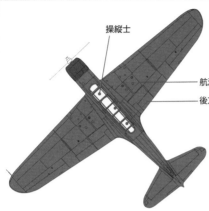

操縦士

航法士兼偵察員

後方銃手兼通信士

図は索敵に多用された日本海軍の九七式艦攻の座席配置。索敵（空中・洋上の観察）は真ん中の席の航法士兼偵察員が、肉眼と双眼鏡等の光学機器を用いて行う。偵察専用の彩雲でも、基本的に席順は同じだった。

艦上偵察機として世界屈指の性能を誇った日本海軍の彩雲。開発時の性能要求の重要項目として「艦上戦闘機を上回る速度性能」が求められ、実際に偵察任務中にF6Fの追撃を受け、これを振り切ったこともある。のちに防空戦にも流用された。

各国の主要艦上偵察機の要目

機種名	最大速度	航続距離
ダグラスSBDドーントレス	410キロ／時	1243.8キロ（偵察爆撃）
九七式艦上攻撃機	378キロ／時	1993キロ（偵察）
二式艦上偵察機	552キロ／時	3339キロ（増槽使用）
艦上偵察機 彩雲	609.5キロ／時	5308キロ（増槽使用）
フェアリー・ソードフィッシュ	222キロ／時	880キロ

大戦初期の索敵機は艦攻、艦爆の流用だったが、日本海軍だけは偵察専用艦上機を開発した。これはレーダーの開発と索敵システムの構築の遅れが原因で、艦上偵察機というハードの性能と人間の肉眼というソフト面に頼らざるを得なかったためだ。皮肉にも、そのおかげで多座艦上機として速度・航続力で破格の性能を持つ高性能機の彩雲が誕生している。

軽艦上攻撃機

冷戦時代初期の戦いで活躍した艦攻・艦爆の統合機

1943年中頃、アメリカ海軍は航空エンジンの大馬力化と艦戦の数的充実およびその高性能化を受けて、艦爆と艦攻に関する新たなコンセプトを創出した。それは次のようなものだった。

艦爆の場合、軍艦の防御力の向上に鑑みて、従来の艦爆よりも大型の爆弾を用いた急降下爆撃ができること。艦攻の場合、**雷撃突進**のあとは敏捷に離脱でき、魚雷を投射して機体が軽くなった後は、当時、普及しつつあったロケット弾による攻撃が行えるだけの運動性を持つこと。艦戦による護衛が充実したので自衛用の後部銃座は不要であり、従来のように複座や3座ではなく単座でよいこと。そして、これらの事情により艦爆と艦攻を一本化すること。

このような要求に基づき、単座で雷撃も急降下爆撃も可能、そのうえ、当時の単発機としては驚異的ともいえる約3トンものペイロードを備えた**ダグラスA1スカイレイダー**が大戦末期に完成したが、実戦には間に合わなかった。しかし同機は、核爆弾を搭載する**重艦攻**と対を成す**軽艦攻**の先駆けとなり、戦後、アメリカ海軍はしばらく重艦攻と軽艦攻の二本立て路線を歩むことになる。

スカイレイダーはその後の**朝鮮戦争**や**ベトナム戦争**で大活躍し、特にベトナムでは、プロペラ機にもかかわらずジェット戦闘機のミグを2回も撃墜するという快挙を成し遂げている。これに続いた軽艦攻が、やはり名機として知られる**ダグラスA4スカイホーク**で、その後継として**ヴォートA7コルセアII**が登場。両機種ともベトナム戦争に投入されて高い評価を得た。だが一方で、ベトナム戦争では艦戦のマルチ・ロール化も大きく進んだ。双発艦戦のファントムIIがスカイホークを凌駕し、重艦攻の**A-6イントルーダー**に迫る約7トンものペイロードにものをいわせて艦攻の代役をはたしたのは象徴的な例である。このような背景もあって、今日のスーパー・キャリア艦上では、かつて単能機が入り混じっていたのが信じられないほどマルチ・ロール機が君臨している。

アメリカ海軍軽艦攻とマルチ・ロール艦戦の兵装搭載能力

機種	配備年度	兵装搭載能力
A-1スカイレーダー	1946年	約3トン
A-4スカイホーク	1956年	約4.5トン
A-7コルセアⅡ	1966年	約7.5トン
F4ファントムJ	1963年	約7トン
F/A-18ホーネット	1983年	約7トン

表はアメリカ海軍の主要な軽艦攻とマルチ・ロール艦戦の兵装搭載力の比較。現代のF-4とF/A-18は双発でいずれも超音速機。単発機のA-7は兵装搭載能力は高いものの、亜音速機である。

アメリカの空母『プリンストン』艦上で発艦のため滑走中のA-1スカイレイダー軽艦攻。第二次大戦末期に艦爆・艦攻統合機として完成したものの、活躍は朝鮮戦争からであった。

「軽量・小型・空力的洗練の追求により高性能を目指す」というコンセプトのもと開発された軽艦攻の傑作、ダグラスA-4スカイホーク。主翼を折り畳まずに空母搭載可能で、アメリカでは退役したものの現在も一部の国では軍事関連企業の民間機として運用されている。

A-4の後継機として開発されたA-7コルセアⅡ軽艦攻。A-4を上回る航続力と兵装搭載能力を持ち、のちに改良によって核兵装の搭載能力も付加されて重艦攻並みとなった。

有事には「核攻撃」をも担う冷戦時代を象徴する機種

　第二次大戦末期に開発された核爆弾(原爆)は、戦争そのものの様相を変えてしまうほど革命的な兵器だった。そして当然ながら、アメリカ海軍もそれを運用することとなったが、初期の核爆弾は重かったため搭載可能な機種が限られた。そこで、海軍の陸上機でペイロードが大きく原爆が搭載可能なロッキードP2Vネプチューン対潜哨戒機を、JATO(ロケット補助推進機)を利用して空母から発艦させる方法が開発されたが、同機は大きすぎて空母に着艦できないため、最寄りの陸上基地に帰還するという変則的な運用となった。

　この不完全な運用を是正すべく、海軍は急ぎ核爆弾を搭載できる艦攻の開発に着手。1950年代初頭にジェットとレシプロの**混合動力機ノースアメリカンAJサヴェージ**、同50年代中頃に空軍の**ジェット軽爆撃機B66デストロイヤー**の原型となった**ダグラスA3スカイウォーリア**、1950年代末に**超音速飛行**が可能な**ノースアメリカンA5ヴィジランティ**を次々と戦力化し、**重艦上攻撃機**というジャンルを確立した。これらの重艦攻はペイロードが大きいため潰しが利き、次世代機が登場したあとは**艦上空中給油機**や偵察機、電子戦機などに「転身」して二度目のご奉公となったが、スカイウォーリアやヴィジランティなどは、かえって転身後のほうが活躍している。

　アメリカ海軍における重艦攻の「とり」を飾ったのが、1963年に配備が開始された**グラマンA6イントルーダー**である。敵のレーダー警戒網をかいくぐって**超低空侵入**する**全天候重艦攻**として開発された同機は先進的な**アビオニクス**を備え、核爆弾の搭載も可能な約8トンものペイロードを持ちながら、機動性に富む機体だった。そのため、**アイアン・ハンド(防空施設制圧任務)**用の型式も開発されている。一方、イギリス海軍は核爆弾の運用が可能なイントルーダー同様の全天候重艦攻ブラックバーン・バッカニアを、アメリカに先がけて1961年に配備している。

イギリス空・海軍で使用されたブラックバーン・バッカニア重艦攻。双発複座の機体で、アメリカのF-4ファントムに近いサイズだが、速度は超音速に達しなかった。

アメリカ海軍初の超音速重艦攻となったA-5ヴィジランティ。超音速発揮のため機体はスマート。核爆弾は機内搭載だが、機体尾部から投下するようになっていた。

低空侵攻・精密爆撃の能力を求めて開発されたA-6イントルーダー。座席を横並びで配置する並列複座形式を採用。1965年のベトナム戦争以来30余年にわたり運用された。

重艦上攻撃機の兵装搭載能力（爆撃機との比較）

機種名	運用開始年	航続距離	搭載可能兵装
B-29スーパーフォートレス	1944年	6600キロ	最大約9トン
B-47ストラトジェット	1951年	6437キロ	最大約9.9トン
B-52ストラトフォートレス	1955年	1万6000キロ	最大約20トン
A-5ヴィジランティ	1961年	5150キロ	最大約3トン
A-6イントルーダー	1964年	5222キロ	最大約8トン
ブラックバーン・バッカニア	1963年	3700キロ	最大約5.4トン

表はエンジン4発以上の重爆撃機（いずれも核爆弾搭載可能）と戦後の重艦攻の兵装搭載能力を比べたもの。超大型機のB-52は別格として、最後の重艦攻A-6の搭載能力の高さがわかる。

次代の艦上機はこれが主役？
滑走距離が短い特殊な艦上機

　滑走路を必要としない**垂直離着陸機(VTOL機)**は、長年にわたって夢の航空機であった。そして、レシプロ・エンジン時代に**回転翼機**と称されるヘリコプターが完成したが、固定翼の垂直離着陸機の登場は、ジェット・エンジンの実用化まで待たねばならなかった。

　だが、垂直離着陸は理論上では完成していたが、それに実際のテクノロジーやエンジニアリングが追い付かなかった。そのため、各国が垂直離着陸機の開発に次々と挫折するなか、執念ともいえる根気と莫大な資金投入により、イギリスのホーカーシドレー社が世界で初めて実用化に成功した。同社はこれを**ハリアー戦闘攻撃機**と命名。1968年に実戦部隊への配備が開始された。なお現在では、垂直離着陸機は**短距離離着陸能力**をも包含するためSTOVL機という表現が用いられている。

　イギリスの同盟国であるアメリカの海兵隊は、その作戦形態からハリアーの垂直離着陸能力を高く評価し、1971年に**AV-8A**として導入。またイギリス海軍も、空軍の実績を踏まえて海軍向けの戦闘機型シーハリアーを開発し、1979年から実戦部隊への配備を開始した。一方、アメリカ海兵隊はハリアーのさらなる性能向上を求め、マクダネル・ダグラス社において**AV8Bハリアー II**を開発し、1982年から部隊配備を進めた。このような開発の経緯から、同機を「イギリス人の執念とアメリカ人の向上力の合作」と評する航空史家もいる。

　ソ連は1977年に**垂直離着陸戦闘攻撃機ヤコブレフYak38**を実戦配備したが、NATOはハリアーに対抗する同機にフォージャー（偽物）というコードネームを冠した。だが、フォージャーは性能的にハリアーの敵ではなかった。2018年現在、国際共同で第5世代ジェット戦闘機として開発された**統合打撃戦闘機(JSF=Joint Strike Fighter)F35ライトニング II**のなかで垂直離着陸能力を付与されたB型が、ハリアー IIの後継となっている。

＊STOVL=Short Take Off/Vertical Landing(短距離離陸/垂直着陸)の略で、従来VTOL、S/VTOL、V/STOLと呼ばれたものを、実際の運用状況に即して言い換えたもの。

イギリスが開発したハリアーは、アメリカ軍により改良されてAV-8Aとなったが、改良の最大の項目は主翼の改修による兵装搭載能力の拡大と、それに対応したより高度な火器管制装置の装備であった。

ソ連海軍が艦載STOVL機として開発したYak38は、垂直昇降用と水平飛行用に各1基のエンジンを搭載しており、機体重量が大きくなったため搭載力、航続力ともハリアーに劣った。

F-35B型の上面図。特徴的なのは操縦席後方のリフト・ファンと、偏向(ノズル可変)動作するエンジン1基で安定した垂直離着陸を可能にしている点。Yak38に比べてエンジン部は非常にコンパクトで重量も抑えられており、機体形状にはステルス性も盛り込まれている。

リフト・ファンおよび
上面空気取り入れ口

水平飛行・垂直昇降
(ノズル可変)兼用エンジン

早期警戒機

優れた捜索能力を持つ
"空のレーダー・ピケット艦"

まだ電子技術が今日ほど進んでおらず、レーダー装置が大きかった第二次大戦後期、アメリカ海軍は、空母機動部隊のはるか前方や側方に、当時なりに充実したレーダー類を備えた**レーダー・ピケット艦**(多くの場合は艦隊駆逐艦)を一定の間隔で配し、敵機の接近を早期に探知するネットワークを構築した。また、この海上のネットワークに加えて、艦戦や艦爆を同様の空域に配し、目視による対空対水上監視を合わせて実施することもあった。

戦後、電子技術の向上にともなってレーダーの小型化・高性能化が進むと「空飛ぶレーダー・ピケット艦」の概念が生まれ、スカイレイダー艦攻を改造した機体を手始めに、対潜哨戒機**グラマンS2トラッカー**の艦上輸送型、**C1トレーダー**をベースに、背中に巨大な**ロト・ドーム**を乗せた今日の早期警戒機像を創りあげた**E1トレーサー**を1960年に実用化した。また、イギリス海軍も**艦上対潜哨戒機フェアリー・ガネット**の派生型として、早期警戒機を開発している。だが、当時はコンピュータや通信技術が未発達で、単純に「早期警戒機」にしかすぎなかった。その後、アメリカ海軍は技術の発達にともなって、トレーサーの後継となる**グラマンE2ホークアイ**の部隊配備を1964年から開始。同機は「早期警戒機」の域を脱却し、いわば「早期警戒兼戦術戦闘指揮統制機」としての能力を有しており、逐次施されるアップデートによって最新の**TADIL(Tactical Digital Information Link=戦術データ・リンク)**に対応。空母機動部隊の全艦と情報を共有できる。ホークアイC型の改修機では、レーダー探知距離560キロ、2000もの目標を同時追尾可能で、**機上オペレーター**は最大40機の味方戦闘機を管制指揮する、名実ともに「空飛ぶ司令部」となった。また、ホークアイに比べて性能面でかなり劣るが、ソ連の**カモフKa31ヘリックスD**、イギリスの**ウェストランド・シーキングAEW**など、ヘリ・ベースの艦上早期警戒機もアメリカ以外の国々で運用されている。

機体下部にレーダー・ドームを抱えたスカイレイダー艦上攻撃機の早期偵察機型。下部搭載としたのは機体の構造上、操縦席上部には取り付けられなかったことと、下方と前方のレーダー捜索には支障がなかったため。

最新鋭のグラマンE-2Cホークアイ。最初の型の運用開始以来50年以上が経過しており、その間の機材更新などで複数のバリエーションがある。最新のAN/APS-145レーダー搭載タイプでは2000以上の目標を識別可能で、さらに高性能化したD型アドバンスドホークアイを運用中。

ロト・ドーム（レーダー・ディッシュ）

回転（1分間6回転）

イギリス海軍のウェストランドAEW。双発固定翼機が運用可能な艦隊空母を持たないイギリスでは、このような警戒レーダー（機体後部右に見える半円ドームに搭載）装備のヘリコプターが重宝されている。

81

船団護衛の戦訓から生まれた「潜水艦狩り」の専用機

　第二次大戦中、空母からの**対潜哨戒**は基本的に艦攻の任務だった。大戦後期になると、護衛空母に搭載されたワイルドキャット艦戦とアヴェンジャー艦攻がチームを組んで「潜水艦狩り」をするようになった。レーダーで浮上中の敵潜水艦を探知したアヴェンジャーの指示で高速のワイルドキャットが先行し、機銃掃射とロケット弾攻撃で敵潜水艦を潜航不能へと追い込む。そこにアヴェンジャーが飛来し、爆雷か初期の**対潜誘導魚雷**で撃沈するという戦法である。

　大戦直後の時期、まだレーダーや**磁気探知装置**が大型だった頃は、この戦訓に基づいてアヴェンジャーを改修した**対潜捜索機**と**対潜攻撃機**にペアーを組ませ、前者をハンター、後者をキラーと称して運用する**ハンター・キラー戦術**が誕生した。しかし、空母の限られた搭載機数では、捜索機と攻撃機が別々だと効率が悪い。そこで両者を一本化して誕生した最初の**艦上対潜哨戒機**が、**グラマンS2トラッカー**だった。

　トラッカーは長らくアメリカ海軍唯一の艦上対潜哨戒機として重宝されていたが、テクノロジーの進歩にともなって艦上対潜哨戒機もジェット化されることになり、1974年から**ロッキードS3ヴァイキング**への更新が行われた。だがその後、冷戦の終結などにより潜水艦の脅威が低減したことと、空母以外に搭載される**艦載対潜哨戒ヘリコプター**の著しい能力向上などを受けて、ヴァイキングは対潜哨戒任務を外れ、対艦ミサイルを使用しての水上艦攻撃、通常爆弾を用いた一般的な爆撃、空中給油ポッドを装着しての空中給油など、多岐にわたる任務をこなす**シー・コントロール (制海)機**へと改造されたが、すでに退役してしまった。

　またアメリカ以外でも、イギリス海軍がフェアリー・ガネット、フランス海軍がブレゲー・アリゼという艦上対潜哨戒機を1950年代に開発し、自国の空母で長らく運用していたが、現在はいずれも退役している。

対潜攻撃機（S型）

対潜捜索機（W型）

レーダー・ドーム
（捜索レーダー内蔵）

写真はアヴェンジャー艦攻をベースにした捜索機と攻撃機を組み合わせた2機1組の「ハンター・キラー」チーム。チームは母艦より遠く先行してレーダーにより浮上中や潜望鏡航行中の潜水艦を探知し、攻撃する。潜水艦が「可潜艦」から長時間潜航可能なまでに高性能化すると役不足になっていったが、対潜戦術や機材の研究にはたした役割は大きかった。

イギリス海軍のフェアリー・ガネット対潜哨戒機。単発機に見えるが、実はターボプロップ・エンジンを2基、前後に同軸連結した双発機である。1.3トンまでの兵装が搭載可能。

グラマンS-2トラッカーは、早期警戒機E-1や艦上輸送機のベースともなったコンパクトな機体の対潜哨戒機であった。1機で捜索と攻撃を可能とするというコンセプトで開発された、本格的な機体である。

現代の電子戦には欠かせない
電波妨害・攪乱の専用機

　艦上電子戦機は、敵の電波兵器の攪乱・妨害を任務とする機種である。第二次大戦中、敵の通信電波やレーダー電波の傍受や妨害が行われ、これが**電子戦**の始まりとなった。戦後、電波技術は飛躍的に進歩したが、それと同時に電子戦技術もまた進歩した。

　アメリカは、ベトナム戦争において北ベトナムが使用したソ連製の対空レーダーやレーダー誘導の**地対空ミサイル**との戦いを通じ、電子戦の重要性を強く認識した。それらのレーダーの電波を妨害または攪乱して味方の航空機を守る受動的な電子戦はもちろん有効だったが、敵の電波の発信源を特定し、その電波に乗ってホーミングする**対レーダー・ミサイル**を使った積極的な攻撃も、同様に有効であることが確認されている。このような対レーダー攻撃任務を、海軍では**アイアン・ハンド**、空軍では**ワイルド・ウィーゼル**と称した。

　ベトナム戦争では、やや旧式化した重艦攻**A3スカイウォーリア**を改造した電子戦機**EA-3**が多用されたが、戦争末期には**EA-6プラウラー**の初期型も投入されている。ただし同戦で対レーダー・ミサイルの**AGM45シュライク**や**AGM78 スタンダード**を運用した艦上機は、攻撃機のイントルーダーやコルセアⅡ（運用はシュライクのみ）で、プラウラーが対レーダー・ミサイル**AGM88 HARM**の運用能力を獲得したのは、1985年になってからだった。

　1968年に初飛行したプラウラーは逐次改修を施されながらいまだわずかに海兵隊で現役の座にあるが、現在の艦上機の主力となっているF/A18シリーズから発展した**EA-18Gグラウラー**の部隊配備が完了しつつあり、最終的にプラウラーは全機がグラウラーに更新されることになる。同機は従来の艦攻改修の電子戦機とは異なり、マルチ・ロール機であるスーパー・ホーネットからの改修であるため、艦戦並みの空対空戦闘能力も有している。なお、艦上電子戦機を運用しているのは、過去から現在に至るまでアメリカ海軍だけである。

電子戦機の主要な任務

重艦攻をベースに開発されたEA-6。高い兵装搭載能力は傍受・妨害用の電子装備の搭載には好都合だったが、自衛用兵装を持たないため護衛が必要な場合もあった。

図は電子戦機の主要な任務を示した。地上設置の対空捜索レーダーや、対空ミサイル誘導レーダーがセットになったミサイル・サイトへの攻撃や対空ミサイルの誘導妨害、敵航空部隊と基地間の通信や管制を妨害することにより、味方航空部隊の作戦を支援する。

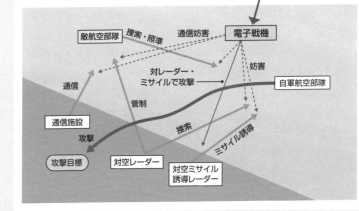

長らく主力の座を務めたEA-6を更新したEA-18G。対レーダー・ミサイルに加えて空対空ミサイルも搭載可能で、活動中の自衛能力が高いのが特徴。

艦上輸送機

現在ではヘリコプターが主役に 輸送と連絡を担う非戦闘機種

　空母に対する空からの補給は、空母の誕生当初から考えられていた。だが、航空機が発達途中だった両大戦間期は、艦上機のなかでもっともペイロード（兵装搭載能力）が大きい**艦上攻撃機(艦攻)**により、緊急性の高い人員や限定量の資材を空輸することが主であった。このような傾向は第二次大戦期もあまり変わらず、アメリカの場合は**アヴェンジャー艦攻**やグラマン・ダック艦上多座水上機が、またイギリスの場合も、アメリカから供与されたアヴェンジャーのほか、スーパーマリーン・シーオッター艦上飛行艇などが利用された。

　戦後、特にアメリカ海軍は第二次大戦中の戦訓に基づいて専用の**艦上輸送機**COD(Carrier onboard deliveryの略)の必要性を痛感。まずスカイレイダー艦攻の多座型を輸送機に転用したが、輸送能力は不満だった。そこで、トラッカー艦上対潜哨戒機を開発中だったグラマン社が、機体の流用による艦上輸送機を提案。このプランが採用されて初めての**艦上輸送機C1トレーダー**が誕生し、1952年から運用が始まった。

　その後、スーパー・キャリアが登場すると、C1よりも大型の艦上輸送機に対するニーズが生じた。そこで同じグラマン社が、開発中だったホークアイ艦上早期警戒機の機体の利用を提案し、機体後部に大型ローディング・ランプを設けるなど、輸送機としての機能を向上させるための改修を加えた本格的な機体を開発。こうして完成した**C2艦上輸送機**は1964年に初飛行し、アメリカを代表する長距離バスの名称にちなんでグレイハウンドの愛称が付けられた。また、ジェット機のS3を改造したUS3も少数造られている。しかしヘリコプターの技術が発達し、大量輸送が可能な機種が登場すると、艦上輸送機は汎用性で勝るヘリコプターに徐々に更新されていった。現在、アメリカ海軍以外ではヘリコプターが艦上輸送機の主役で、わずかにブラジル海軍がエンジンをターボプロップに換装したアメリカ海軍の中古のトレーダーを保有しているにすぎない。

ローディング・ランプ
(積み下ろし用扉付き開口部)

発艦するグラマンC2。連絡・輸送用として活躍する双発機で、胴体後部に大きく開くローディング・ランプがあり、迅速な積み下ろしが可能である。

ティルト・ローター
(垂直/水平可変翼。写真は垂直のヘリ・モード時)

アメリカ海兵隊を中心に配備が進むベル/ボーイング・バートルV-22オスプレイ。ヘリコプターと航空機の形態を取ることができる。海軍でも救難用・輸送用として使われるなど、運用が広がっている。

艦上輸送機と輸送ヘリコプターの比較			
諸元	グラマンC2	シコルスキーCH-53D	ベル/ボーイング・バートルV-22
最大速度	574キロ/時	約180キロ/時	565(ヘリ・モード時185)キロ/時
航続距離	2889キロメートル	1000キロメートル	1627キロメートル ※1
積載量	約4.5トン	約8トン	8〜12トン ※2

表はC2艦上輸送機と代表的なヘリコプターの性能を比較したもの。積載量はヘリコプターに、速度や航続距離の面では艦上輸送機に大きなアドバンテージがある。
※1=機外増設燃料タンク装備時は3593キロメートル　※2=最大積載量時はヘリ・モード使用不可

艦載ヘリコプター

各種空母で任務をこなす
多彩な機能を持つ回転翼機

　ヘリコプターを簡単にいってしまえば、巨大な翼を力技で回転させて揚力を得て飛翔する乗り物であり、ゆえに**回転翼機**と称される。第二次大戦末期、実用化されたばかりの頃のヘリコプターは、エンジンの出力重量比（機体の重さとエンジンの馬力の比）が小さかったためペイロードに乏しく、それが原因で用途も限られた。

　しかし戦後、強力な**ターボシャフト・エンジン**が開発されたことでヘリコプターのペイロードは大きく改善された。その結果、垂直離着陸と**ホバリング（空中停止）**が可能なヘリコプターの活躍の場が大きく広がった。特に海軍では、空母のような広い飛行甲板ではなく狭隘なヘリコプター用甲板からでも運用できるため、ありとあらゆる航空任務にヘリコプターが用いられるようになった。

　今日では、輸送はいうに及ばず、救難、対潜哨戒、制海、掃海、偵察、このすべての任務にヘリコプターが使用されている。特にホバリング能力は、救難時の要救助者の吊り上げ、対潜哨戒時の**ディッピング・ソナー**の海中への吊り降ろし、**掃海用具**曳航時の速度調整など、「前に進んでいなければ揚力を得られない」固定翼機には真似のできない「技」を可能とした。

　一方で、ヘリコプターは固定翼機に比べて構造的に複雑で整備サイクルも短いため、維持に手間のかかる部分もある。しかし最近では、耐久性が高い新素材の登場や設計手法の進歩のおかげで、整備サイクルの延長を目指したり、イージー・メンテナンスを売りにした機種も多くなってきている。

　また、スキー・ジャンプ台式飛行甲板を利用するSTOVL機とヘリコプターを艦上機の二本柱とする**支援空母**、**軽空母**、**強襲揚陸艦**の場合、システム的に大規模な**蒸気カタパルト**や着艦装置は不要となる。そのおかげで、搭載物の積載効率に重点を置いた設計ができるのみならず、それら複雑なメカがないことが、建造時と運用時、両方のコストの低減にもつながっている。

アメリカ海兵隊が運用するベル AH-1Zヴァイパーは、対戦車ヘリのパイオニアとなったAH-1の発展・改良型で、両用戦の基幹となる強襲揚陸艦等に搭載される。

アメリカ海軍のシコルスキーCH-53Eスーパー・スタリオンは3発の大型輸送用ヘリコプター。搭載能力が大きいため、かさばる機雷・探知処理機材を搭載した掃海型も開発されている。

不時着・脱出したパイロットを救助するイギリス海軍のウェストランド・シーキング救難ヘリコプター。元はアメリカのシコルスキー・エアクラフト社が開発した機体で、各国でライセンス生産、または輸入により使用されている。

ノースロップ・グラマン社が開発した無人偵察機MQ-8ファイアスカウト（火力偵察の意）。偵察のほか戦場認識・目標評定を主な役割とする。開発停滞時期を経て、現在「シースカウト」の名で改良機が運用実験中で、強襲揚陸艦等の沿岸域で活動する両用戦用艦船に搭載予定。

C-3

艦上機に命名ルールはあるの？

軍や企業の個性が出る"愛称"のルール

　世界の海軍では、艦上機に型式番号のほかに正式名称を付けることがほとんどで、多くの場合、軍や製造会社が命名に法則性を持たせている。

　まず旧日本海軍だが、太平洋戦争勃発の時点では、皇紀年号の下2桁の後ろに機種名を続けていた。例えば九七式艦攻、九九式艦爆などだ。だが開戦後の1942年からは、年号に代えて機種別に名前を付けることになった。そして制空戦闘機（艦戦を含む）には烈風、強風のように風の名を、艦爆と陸爆には彗星、流星（本機は艦爆兼艦攻）のように星の名を、艦攻と陸攻には天山のように山の名を、艦偵、水偵、陸偵には彩雲のように雲の名が付けられた。

　アメリカの場合は製造会社ごとに名称に法則性があり、慣れると制式名称だけで製造会社がわかるようになる。グラマンは、自社の艦戦に対してF4Fワイルドキャットを筆頭にF6Fヘルキャット、F7Fタイガーキャット、F8Fベアキャット、F9Fパンサー/クーガー、XF10Fジャガー、F11タイガー、F14トムキャットと、ずらり猫属の名を付けた。ただしXF5Fは例外的にスカイロケットと命名されている。ダグラスは、第二次大戦中はデバステーター（「荒廃させる者」の意）艦攻やドーントレス「恐れ知らずの者」の意）艦爆のように勇壮な名を付けたが、大戦末期のA1スカイレイダー艦攻から艦上機は頭に「スカイ」の言葉が付けられ、F3Dスカイナイト艦戦、F4Dスカイレイ艦戦、A3スカイウォーリア重艦攻、A4スカイホーク軽艦攻と、スカイ・シリーズが連なっている。戦後に艦上機市場に参入したマクダネルは、艦戦も含めた戦闘機にはお化けの名を付けた。世界初の実用艦上ジェット戦闘機FH1ファントム、F2Hバンシー、F3Hデーモン、F4ファントムⅡなどである。

　第二次大戦中のイギリスは、艦戦（多くの場合は艦爆を兼ねる）にはフルマー（フルマカモメ）やスクア（トウゾクカモメ）のように海鳥の名を、艦攻（一部は艦爆を兼ねる）にはソードフィッシュ（メカジキ）、アルバコア（ビンナガ）、バラクーダ（オニカマス）のように魚の名を付けた。また、陸上戦闘機改造の艦戦には、シーハリケーンやシーファイアのようにシーという言葉が頭に付けられた。

第四章

空母の形態と構造

空母の形態はどのようにして決まるのか。
また、空母はどのような構造をしているのか。

短期集中建造でなければ
一艦ごとのハンドメイドで建造

　艦隊空母を造るには、軍艦なら戦艦級、商船なら大型客船級を建造できるだけの技術力と、相応の規模の船台またはドックを有した造船所が必要となる。建造の手法も、これらの大型艦船を造る場合と同様に、まず艦底の**キール**を敷き、そこから上に向けて造り上げて行く。国によっても異なるが、特にアメリカの場合は、製作や製造に手間がかかるいわゆる「特注品」を極力少なくし、海軍全体の艦船で共通の規格によって用意されているさまざまなパーツが使用される。それでも、1隻ずつ建造するためハンドメイド性は高くなる。

　第二次大戦中、同海軍は**エセックス級艦隊空母**を17隻も就役させており、942年12月のネーム・シップ『エセックス』の就役以降、終戦までの2年8か月間で残り16隻を就役させた。単純計算では約2か月に1隻ずつ艦隊空母が完成したことになるが、実際には、空母がもっとも必要とされた1943年から44年にかけて集中的に就役している。なお、1隻当たりの平均工期は約1年半と、艦隊空母としてはかなり短かった。また、戦後にも7隻を就役させている。

　一方、艦隊空母に比べて小型の**軽空母**や**護衛空母**は、第二次大戦中、アメリカでは短時間のうちに多数が量産されている。特に約120隻が建造された護衛空母に至っては、船体の各部をあらかじめブロックで製造しておき、それを船台上で溶接接合する**プレハブ工法**の採用で、実に「1週間に1隻、空母が完成する」ほどの高い量産性を得た。戦後、艦隊空母が大型化、原子力化して**スーパー・キャリア**になると、唯一、**ニューポート・ニューズ造船所**だけがその建造に携わるようになり、**ニミッツ級**の場合、各艦とも建造開始後5〜6年で就役している。ただ、ネーム・シップ『ニミッツ』の就役が1975年5月、最終の10番艦『ジョージH.W.ブッシュ』の就役が2009年1月と、実に約34年にわたって建造され続けているため、姉妹艦1隻ごとに細部の違いがあり、その点、同型艦ながら1隻ずつハンドメイド的に造られているともいえる。

空母の船体構造の一例（イギリス海軍『ヴィクトリアス』）

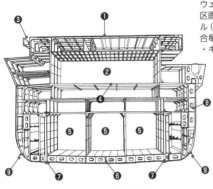

❶飛行甲板、❷格納庫、❸ウォーク・ウェイ (通路)、❹格納庫甲板、❺機関区画(機関室)、❻バーティカル・キール (竜骨)、❼ドッキング・キール (接合竜骨)、❽補強フレーム、❾ビルジ・キール (減揺竜骨)

図は、イギリス海軍の『ヴィクトリアス』の船体の骨組みを示したもの。『ヴィクトリアス』は通常の軍艦と同様に船台上にキールを組み上げる方法で建造されている。船底部と舷側部は別途に組み上げて接合されている。

空母の建造所要期間の一例

期間（年数）	設計～起工	建造	公試・艤装	練成	就役（部隊配備）
1		起工			
2					
3		進水			
4					
5					

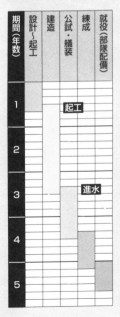

軍港に設けられた建造ドックの一例。中心線に基礎が置かれ、その周辺に船体底面を支える船台が置かれる。写真は空母ではなく小型の艦船だが、護衛空母等の小型空母はこの程度の規模で建造できた。

進水式を迎えた艦隊空母。大型空母の建造では、周辺に巨大な足場が組まれる。この状態では武装等は施されておらず、進水後に艤装工事が施される。

◀図は、平時における空母の工期の概略。空母の大きさや建造する国の造船能力等により期間の増減があるため、あくまでも一つの目安である。戦時には工期は大幅に短縮される。一般的に建造といっても船体が完成して進水式が行われた段階では艦内設備や兵装は未装備なので、艤装期間も含めれば通常は3～4年が建造に必要な期間となる。

第二次大戦期の空母の構造

飛行甲板と格納庫の設け方で2タイプに大別される

　空母のデザインは、両大戦間期にさまざまな試行錯誤が繰り返されたこともあり、第二次大戦勃発の時点で、当時の艦上機への対応という面ではほぼ完成されたものとなっていた。そこで本項では、第二次大戦型**艦隊空母**のデザインの特徴について説明する。

　基本となる船体の構造は、二つに大別される。ひとつは、**格納庫甲板**の床を**強度甲板**とし、格納庫を開放式としてその上に飛行甲板を配したタイプで、簡単にいえば「構造的にできあがっているフネの上に、**飛行甲板**という傘を被せ、その下を格納庫にした」ようなものだ。**ヨークタウン級**や**エセックス級**など、アメリカ製のほとんどの空母が大小を問わずこれに該当する。

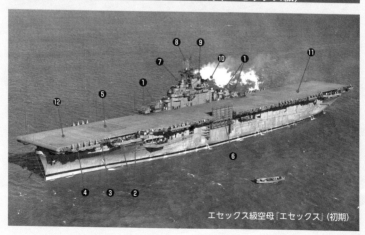

第二次大戦の空母（アメリカ海軍エセックス級）

エセックス級空母『エセックス』（初期）

　もうひとつは、飛行甲板が強度甲板で、格納庫の側壁がそのまま舷側なので格納庫が密閉式となっているタイプだ。こちらは「フネの屋上が飛行甲板で、その下の最上階が格納庫になっている」ようなもので、アメリカの**レキシントン級**やイギリスの**イラストリアス級**、日本の**蒼龍型**などがこれに該当する。

　飛行甲板の平面形を見ると、艦首から艦尾に向けて一直線の長方形で、前後の中心線上の艦首寄り、艦中央部、艦尾寄りの3か所、または艦首寄りと艦尾寄りの2か所に、飛行甲板と格納庫甲板を繋ぐ艦上機昇降用エレベーターが設けられている。特にエセックス級の場合はこれら**中央配置型エレベーター**に加えて、戦後主流になる**舷側エレベーター**も備えている点が革新的だった。

　飛行甲板は、前部に艦上機射出用**カタパルト**、後部に着艦装置が設けられているが、アメリカのヨークタウン級と初期のエセックス級では、艦首側からの着艦も考慮して前部にも着艦装置が備えられていた。艦橋や煙突などの上部構造物はひとつにまとめられ、これを**アイランド**（島）と称し、片方の舷側に寄せて配された。なお、艦首と艦尾、それに左右の舷側の要所には**スポンソン**（張り出し部）が設けられ、自衛用の砲座が据えられていた。

❶5インチ連装両用砲（艦橋前後に各2基）、❷40ミリ連装対空機関砲、❸飛行甲板通路、❹航空機発艦要員通路、❺前部エレベーター（航空機格納庫前部配置）、❻左舷側方エレベーター（写真はエレベーターを上に跳ね上げた状態）、❼レーダー・射撃管制装置、❽対空捜索レーダー（写真は初期のCXAM-1と思われる。のちにより高性能なSGレーダーに換装）、❾煙突、❿40ミリ連装対空機関砲、⓫飛行甲板（後部・着艦用）、⓬飛行甲板前部（カタパルト未装備・初期には前方からの着艦に対応）

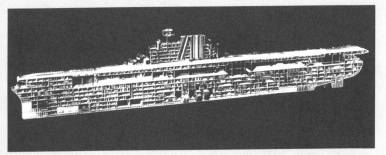

（上）エセックス級の原型ともなったヨークタウン級の艦内区画配置。区画分けの細かさがわかる。日本海軍との戦いで、打たれ強さを実証した被害局限の思想は、エセックス級にも受け継がれている。

航空機運用能力を決める
飛行甲板はWWⅡ後に大進化！

飛行甲板の起源は、1910年代の空母黎明期に、普通の軍艦の前甲板に艦首に向かって設置された実験用の**滑走台**である。その後、後甲板に**着艦用甲板**を設けるなどの運用上の改良が続いたが、改造母体である軍艦の上部構造物を無くさない限り、効率的な航空機運用は困難と判明した。その結果、甲板上から構造物を排除し、真っ平らな飛行甲板を備えた**フラッシュ・デッキ（平甲板）型空母**が開発された。そして今度は、フラッシュ・デッキそれ自体の改良が始まる。

続く大きな改良は、操艦や艦上機の運用の利便性を向上するため、**アイランド**と称される、指揮機能を収めた上部構造物を片舷に設置したアイランド型空母が造られたことだ。これが以後の空母の標準型となったが、第二次大戦に参加した空母には、アイランドを備えない空母も存在した。

上部構造物の形状や位置の確定とともに飛行甲板のほうも進化し、発艦と着艦を同時にこなせるように二段式や三段式の飛行甲板を備えた空母も造られたが、艦上機の性能向上にともなって飛行甲板は一段式に落ち着いた。一段式飛行甲板を備えた初期の空母では、艦の平面形に合わせて艦首や艦尾に向かって細くなる飛行甲板を持つ艦が多かったが、飛行甲板はできるだけ広い方がよいという理由で、やがてその形状は、艦の平面形にとらわれることなく長方形の一枚板のようになっていった。

第二次大戦後、高速で重量のあるジェット機の運用が始まると、着艦失敗が即事故とならないよう、発艦と着艦を同時にこなせるようにする方法が模索され、再び飛行甲板は大きく変容する。こうして開発されたのが**アングルド・デッキ（斜傾飛行甲板）**で、これが固定翼機運用の基本となり、今日に至っている。また、**V/STOL機**の短距離発艦を補助すべく、前部に向かって上反角が付けられた**スキー・ジャンプ式飛行甲板**も一部の艦で採用されている。

All about aircraft carrier

飛行甲板の形態（多段甲板）

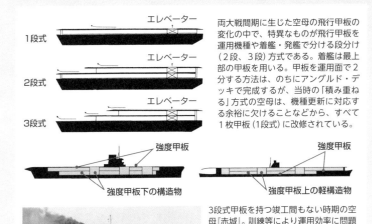

エレベーター

1段式

エレベーター

2段式

エレベーター

3段式

両大戦間期に生じた空母の飛行甲板の変化の中で、特異なものが飛行甲板を運用機種や着艦・発艦で分ける段分け（2段、3段）方式である。着艦は最上部の甲板を用いる。甲板を運用面で2分する方法は、のちにアングルド・デッキで完成するが、当時の「積み重ねる」方式の空母は、機種更新に対応する余裕に欠けることなどから、すべて1枚甲板（1段式）に改修されている。

強度甲板

強度甲板下の構造物

強度甲板

強度甲板上の軽構造物

3段式甲板を持つ竣工間もない時期の空母『赤城』。訓練等により運用効率に問題があることが判明し、新型機への対応も疑問視され、1段式に改造された。

エセックス級の飛行甲板の比較

写真は、エセックス級空母の飛行甲板のバリエーション。左の3つが直線の全通甲板で、右の4つがアングルドデッキ。エセックス級は用途に応じて対潜空母や支援空母など異なる艦種に改装されたため、アングルドデッキ化して以降は艦橋周辺やエレベーター配置に個体差がある。

海の上での「揺れ」を防ぐ空母独特の工夫とは？

　艦上機の発着艦が至上任務の空母には、揺れは大敵である。航行上は**ピッチング**（前後の揺れ）が問題になるが、航空機運用の面では**ローリング**（左右の揺れ）がやっかいだった。艦上機は、発艦滑走中に左右に傾いて滑走が偏ってしまうと発艦が難しくなるからだ。揺れの問題に対処するため、なかには船底部に揺れを打ち消す**ジャイロ・スタビライザー**を装備したケースもあった。

　だが、揺れ対策としてそれ以上に重要なのが船型である。空母の飛行甲板は、全長は長ければ長いほど都合がよく、しかも飛行甲板の全長を延ばすには船長も延ばさなければならないが、一般論では、船長は長いほうがピッチングは軽減されるが波浪による衝撃やゆがみに弱くなる。一方、飛行甲板の全幅についても、幅があればあるにこしたことはない。しかも同じく一般論で、船幅は広いほうがローリングは軽減される。そのため、他艦種からの改造空母の場合などは、飛行甲板の左右の幅と浮力を同時に稼ぐべく、左右両舷の水線下に**バルジ**と称される張り出しを外付けすることもあった。しかし、幅を必要とする一方で、空母には、特に艦上機の発艦時に有利な要素となる**合成風力**を得るために相応の速力も求められる。ところが、飛行甲板の幅を稼ぐための船幅を広げた設計やバルジの装着は、往々にして船体が受ける水の抵抗を増すことになり、速力を遅くしてしまう方向に働く。この問題を解決するには、少々の水の抵抗増加などものともしない高出力の機関を搭載するか、船型のデザインを検証して、もっとも幅と抵抗のバランスがよいものを選択する必要がある。

　第二次大戦直後までは、過去の設計経験などに基づいて空母用の船型が選ばれていた。だが、強力な船舶用原子炉の登場で超高出力が得られるようになり、船型の違いによって微妙に異なる水の抵抗値も、コンピュータ・シミュレーションの援用により複雑な造形でも詳細な予測が可能となったことで、今日の空母の船型は、造船の面では合理化を追求した造形の極致とも称される。

船体幅と横揺れ傾向の比較

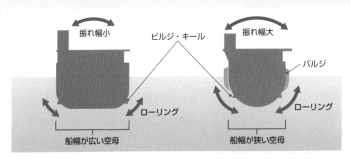

船底から飛行甲板までの高さが同じと想定した場合、船体が細長い（船幅が狭い）空母は幅の広い空母よりもローリング＝横揺れにはやや弱い傾向がある。艦船全般に言えることだが、ローリング対策として船底部両舷側へのビルジ・キールの装着が行われることが多く、加えてバルジ（図の赤い張り出し）の増設も、舷側の防御効果も含めて有効である。

船体形状の比較

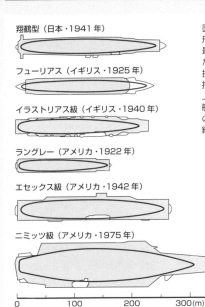

翔鶴型（日本・1941 年）

フューリアス（イギリス・1925 年）

イラストリアス級（イギリス・1940 年）

ラングレー（アメリカ・1922 年）

エセックス級（アメリカ・1942 年）

ニミッツ級（アメリカ・1975 年）

図は空母の飛行甲板と船体形状（水線部形状は推定含む）を日英米で比較したもの。年号は、単独艦以外は最初の艦の竣工年度）を日英米で比較したもの。船体前部を絞り込んで水の抵抗を減らす一方で、中央部以降は幅を持たせてローリング耐性や復原性を向上させている。第二次大戦時の空母は、船幅に対する船体長の比率が現代空母のニミッツ級と比べるとかなり大きく、細長い。

▭　飛行甲板
◯　船体（水線部）

0　　　　　100　　　　　200　　　　　300(m)

カタパルト

艦上機を効率よく運用する
発艦設備の革新！

　空母の登場以前、水上戦闘艦や**水上機母艦**に搭載された水上機は、**デリック（クレーン）**で海面に降ろされて離水し、帰還し着水すると、再びデリックで吊り上げて艦上に収容された。この一連の作業のうちの発進時の手間と時間のロスを解消するべく、艦上から直接、水上機を発艦させる手段として開発されたのが**カタパルト**である。初期のカタパルトはスプリング式や火薬式だったが、前者はスプリングの張力が、すぐに艦載機の重量増加に追い付かなくなった。一方、後者は水上戦闘艦用の射出機本体が露出した構造のカタパルトには向いたが、飛行甲板に埋設された空母用カタパルトには適さず、艦上機自体の重量とペイロードの増加に追随できるだけの発展性もなかった。また、圧縮空気式カタパルトも開発されたが、射出力は弱かった。変わり種はアメリカで開発された円盤の回転トルクを利用した**フライホイール式カタパルト**だが、発展性がなく短期間の使用に終わっている。

　第二次大戦中、主力となったのは**油圧式カタパルト**だった。その先駆者はイギリス海軍で、戦前の1935年に起工された『アーク・ロイヤル』には、飛行甲板前部にH-1型油圧カタパルト2基が装備され、総重量約5.5トンの艦上機を40秒間隔で射出することができた。この技術はアメリカにもたらされ、同海軍も**H-2型油圧式カタパルト**を開発してヨークタウン級に装備。さらに強力な**H-4シリーズ**が、それ以降に建造されたエセックス級や軽空母、護衛空母のすべてに装備された。

　カタパルトの威力は絶大で、低速のため合成風力が弱い**護衛空母**からでも、**アヴェンジャー艦攻**のような当時としては重量級の機種が運用可能となった。

　一方、油気圧技術に劣る日本は、とうとう終戦まで空母用カタパルトを開発できなかった。その結果、発艦は**合成風力**頼みとなり、空母によっては運用可能な機種やペイロードに制限が生じてしまった。

エセックス級空母の艦上で発艦待機中のF6F艦上戦闘機。主翼の下から伸びているのがブライドルで、左右からシャトルに向かってV字型になっている。

甲板上のカタパルト関連配置

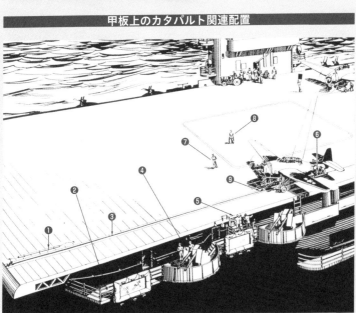

❶ブライドル・キャッチャー、❷キャット・ウォーク（通路）、❸シャトル・トラック、❹ボフォース40ミリ連装機関砲、❺フライトデッキ・コントロール・ステーション、❻ホールド・バック（尾輪ぶれ止め）、❼カタパルト・オフィサー、❽甲板員、❾ブライドルとシャトル

第二次大戦で空母用に用いられた油圧式は、甲板上に設けられたシャトル・トラックと呼ばれるレーンの下にワイヤーと滑車を介してシャトルとつながった油圧発生装置（油圧エンジン）を備えている。レーンには、油圧によって高速移動するシャトルと呼ばれる可動部があり、艦上機主翼下部にあるフックとシャトルをブライドル（射出索）と呼ばれるワイヤーで接続する。ちなみにH-4-1カタパルトは12.5トンの機体を144キロ／時に加速し、60秒間隔で射出できた。

船首形状と航空燃料タンク

密閉性と強度の異なる2つの方式
オープン・バウとエンクローズド・バウ

初期の空母は既存の艦船の改造により誕生した。そのデザインは、構造的に完成した船の上に**飛行甲板**を被せ、その下に格納庫を設けていた。**アイランド**案出以前の**フラッシュ・デッキ（平甲板）型**では、艦前部の飛行甲板前端直下の前方が視認できる場所に船の中枢である艦橋が設けられていた。このような構造的要件により、当初の空母は艦前部と飛行甲板前端の間が格納庫の高さの分だけ開いた**オープン・バウ**（bowは艦首。へさきの意）であった。

しかし、オープン・バウには重大な欠点が内包されていた。荒天時、艦首にぶつかった波浪が飛行甲板前端部を破損させることがあったのだ。この被害を避けるべく、艦首先端と飛行甲板前端部が合わさって密閉された構造となる**エンクローズド・バウ**（波浪に強いため別名**ハリケーン・バウ**とも称される）が考案された。ただこの形式は、**開放式格納庫**を備えた空母の場合、船体強度確保の観点から、飛行甲板を支える支柱のジョイントの構造が複雑化するため、第二次大戦中には導入されなかった。だが、飛行甲板が強度甲板になっていたことから**密閉式格納庫**を備えたレキシントン級、イラストリアス級、『大鳳』などは、逆に設計上の都合で最初からエンクローズド・バウを備えていた。

ところで、空母は自艦用の重油のほかに、艦上機用の燃料を大量に積載する。第二次大戦当時の航空機用燃料は、気化性と引火性が高い**ハイオクタン・ガソリン**で、戦闘時の損傷によりそれが配管などから漏出して気化ガスが格納庫内に充満、引火により大爆発と大火災を生じる危険があった。実際に『レキシントン』と『大鳳』がそれで沈没に至っている。どちらもエンクローズド・バウと密閉式格納庫をワンセットで備えていたため格納庫内の通気が悪く、気化したガソリンの濃度が高くなり引火したとされる。この欠点があるからこそ、アメリカ海軍は、波浪被害の問題を我慢してオープン・バウにこだわったともいわれている。

艦首形状と発生する気流の比較

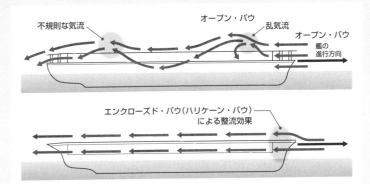

不規則な気流　オープン・バウ　乱気流　オープン・バウ　艦の進行方向

エンクローズド・バウ（ハリケーン・バウ）による整流効果

オープン・バウは艦首部が船体と甲板に分かれており、ここに風が入りこむ。この部分は複雑な形状をしていることから風が複雑にぶつかりあって気流が安定しないが、艦上機の重量とエンジン出力の向上により、艦隊空母等の大型艦では大きな問題とはならなくなった。一方エンクローズド・バウは艦首と飛行甲板が一体化してなめらかな形状であることから気流は安定する。このことは艦上機が発艦する際の滑走の安定性に影響を与えた。

艦内の給油・換気配管概念図

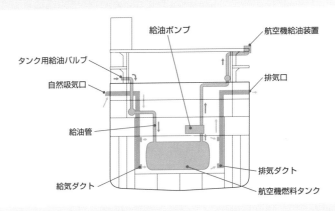

給油ポンプ　　航空機給油装置

タンク用給油バルブ

自然吸気口　　排気口

給油管

排気ダクト

給気ダクト　　航空機燃料タンク

航空機用燃料タンクは、主に艦底部に配置されている。しかし燃料タンクは被弾による燃料漏出・気化・引火の危険が高く、タンク周辺の水槽化やコンクリート充填といった燃料漏出防止の対策が強化された。それでも給油用の艦内配管などは、船体の損傷や火災の延焼などで破壊される危険が高く、空母の大きな弱点の一つともいえる。

大型化した艦上機を射出する蒸気カタパルト

　　かつて艦上機が空母から発艦する際は、空母が風上に向かって走り**合成風力**を形成して発艦させていた。凧上げをやったことのあるかたなら、凧を持って走り、凧に風をはらませて浮き上がらせた経験をお持ちだろうが、原理的にはあれと同じである。だがこの方法だと、低速な空母は使いものにならず、また、艦上機が重くなれば発艦させにくくなる。そこで考えられたのが、**カタパルト**を使った発艦だった。第二次大戦ではイギリスで開発された**油圧式カタパルト**がアメリカでも採用され、重宝された。これを備えていたアメリカの**護衛空母**は、飛行甲板も狭隘で鈍足だったにもかかわらず、当時の艦上機でもっとも重い**アヴェンジャー艦攻**を運用することができた。

　　戦後、艦上機もジェット化されてさらに重くなったが、その頃、イギリスのブラウン・ブラザース社の技師**コリン・ミッチェル**が、従来の油圧式カタパルトに比べてはるかに強力な**蒸気カタパルト**の開発に成功した。そのノウハウを提供されたアメリカは、これを元に改良を加え、今日の蒸気カタパルトの礎を築いたのだった。現用の原子力空母ニミッツ級に装備されている**C13 Mod.4カタパルト**ももちろん蒸気式で、原子炉で造られた蒸気がふんだんに供給されるためカタパルトの動力に困ることはない。全長は約99メートルあり、約33.5トンの重量の機体を約2秒未満で時速約260キロにまで加速させることができ、この作業を60〜80秒間隔で反復できる。ニミッツ級には計4基のカタパルトが備えられているので、全基を動員すれば1分間に3〜4機の艦上機を次々と発艦させることも不可能ではない。

　　また最近では、蒸気関係の配管が不要となり、しかも電気式なので艦上機の重量に合わせた射出出力の制御が容易になるという利点を備えた、リニアモーターの原理を導入した**電磁式カタパルト**も実用化された。

蒸気(スチーム)カタパルトの運用

X-47Bペガサス

ジェット・ブラスト・デフレクター

カタパルトレーン

F/A-18ホーネット

写真は、アメリカ海軍が2016年まで開発していた無人戦闘攻撃機X-47Bの発艦テストの様子。カタパルト・レーン上には、射出に伴う蒸気が発生している。ジェット・ブラスト・デフレクターは、機体の発進後すぐに閉じる(写真は閉じた状態)。

ニミッツ級のカタパルト・レーンの下に組み込まれる水圧ブレーキ・シリンダーの先端部。上の写真の船首方向から見るとこのような形状になっている。

どうやったら沈まないか？
被害拡大を防ぐ空母の構造

　軍艦の防御には、爆弾や砲弾に対する水線よりも上の「**水上防御**」と、魚雷や砲弾の水中弾に対する水線よりも下の「**水中防御**」がある。また、水上、水中の区別に代えて「**水平防御**」と「**垂直防御**」という言葉も使われるが、前者は爆弾や大落下角の砲弾に対する水平面の防御、後者は魚雷や近距離から撃たれた水平弾道の砲弾に対する垂直面の防御を示す。どんな船も、水線下に穴を穿たれ浸水が続けばやがて沈む。ゆえに軍艦は魚雷に対する防御を重視しており、戦艦などの場合は、同じ敵の戦艦の巨弾に抗堪すべく水上防御にも力が入れられる。水上戦闘艦は弾薬庫や燃料タンクが急所で、これらに被弾して大爆発や大火災を起こせば艦の命運が決まるため、おのずと防御の重点となっている。

　一方、空母の場合も魚雷に対してはほかの軍艦と同様の防御策が講じられているが、「燃えやすく、しかも爆発しやすい危険物」である艦上機が、「標的」としては大きな**飛行甲板**直下の広大な格納庫に収まっており、これに引火して誘爆と大火災を起こせば致命傷になりかねない。**格納庫甲板**の下は、艦深部と総称され重要区画が目白押しであり、ここに火が入れば、たとえ水線下に穴が穿たれていなくても沈没に至る可能性が高まる。

　そこで、飛行甲板が**強度甲板**を形成しているイラストリアス級や『大鳳』では、天井となる飛行甲板に加えて格納庫の側面と床面にも装甲を施して「格納庫の外側」を守り、格納庫内の被害を極限するという手法を講じた。

　一方、**開放式格納庫**を採用したエセックス級では、非装甲の飛行甲板の下に広がる格納庫甲板の床面を装甲化し、さらに数階下の下甲板にも装甲を施した。飛行甲板を貫通した爆弾は格納庫甲板の床面で炸裂し、格納庫内の艦上機を爆発、炎上させるが、開放式のため爆風の多くは開口部から外に逃げてしまう。そして、消火後には格納庫内の艦上機のスクラップと消火に使用した水を、同じ開口部から海に「掃き捨て」れば、早期の復旧が期待できた。

爆弾に対する船体装甲の効果

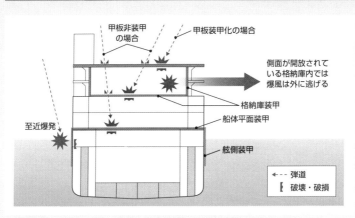

水平面の装甲化は、各甲板への貫通の可能性を減らす、あるいは被害を抑える効果がある。また垂直面の装甲化は、至近弾の被害を減らす効果があった。格納庫側面を開放式にした場合は、格納庫内の爆風が「最も抵抗が少ない」方向に逃げることで、他の水平面・垂直面への被害を減らせる。

魚雷に対する防御区画の効果

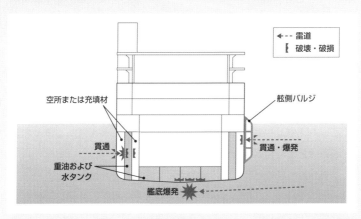

魚雷に対する防御は、装甲化ではなく水線下の船体に設けられた区画を利用した防御とバルジ（張り出し）設置が有効であった。また舷側部の区画を空所にしたり、重油等や木材を充填する方法がしばしば行われたが、これは浮力を補う効果のほかに魚雷の爆発の衝撃を和らげる等の効果が期待された。

生残性を高める構造

シフト配置・集中防御方式と
ダメージ・コントロール

すべての軍艦は冗長性や生残性を確保するべく設計に工夫が施されているが、それは空母とて例外ではない。第二次大戦当時も現在も、軍艦の直接防御の基本は装甲だが、敵の兵器の威力によってはダメージを被る場合もある。そうなった際、重要な装置や設備の「全部が失われる」ことがないよう、エセックス級などでは数室に小分けにした発電機室を互いに離れた場所に配し、同様に、**缶室**と**機械室**と補機室をワン・セットにしてそれを数組に分け、やはり艦内の離れた場所に配する**シフト配置**という設計手法が講じられていた。一方、翔鶴型はこれらをまとめて配し、それを装甲板で守る**集中防御方式**だった。

しかし第二次大戦の戦訓は、装甲があろうがなかろうが「やられるときはやられる」であり、そうなった場合、「いかに生き残るか」が重要となるが、その点、シフト配置という考え方は、まさに「生き残りのための術」といえた。

こと「生き残る」という点において、当時のアメリカ海軍は世界でもっとも進んでいた。**ダメージ・コントロール（被害局限）**について徹底的に研究しており、空母のみならず軍艦には不可欠な電気の供給をつかさどる電路の破損や切断に対する応急の配線・配電処置技術の確立に加えて、停電区画への緊急臨時送電用に複数の移動式発電機が用意されていた。また、本来の専用ポンプの破損や故障により、沈没に直結する排水が不能となったり、消火用水の揚水量不足が生じた場合に臨時に利用できる移動式ポンプも複数が用意されていた。

消火と応急対応についてもアメリカ海軍は図抜けて先進的で、専門の海軍消防学校が開設されてダメージ・コントロール要員に対する訓練が施され、各艦には耐熱服や防火服、防毒マスクなどが大量に配備された。艦内では、副長がダメージ・コントロール指揮官となって関連の部署が組織化され、被害の状況に合わせたもっとも効率のよいダメージ・コントロール要員の配置と運用が行われた。

機関のシフト配置とその効果

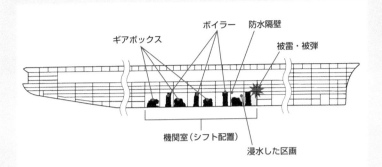

機関のシフト配置の例である。機関室はボイラーとギアボックスが交互に配され、それぞれが隔壁で隔てられ、独立している。舷側に魚雷を受け、破口からの浸水で機関室の一つが使用不能になっても、他の機関室には被害が及ばない。エセックス級の場合、カタパルトがあるので速力が若干低下しても、浸水による傾斜さえなければ（回復すれば）航空機運用が可能になる。

艦内の給排水配管の概念図

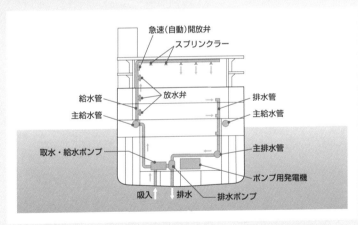

艦内では日常生活にも水を使うため、艦底部から海水を汲み上げるポンプが装備されている。真水は貴重であるため、飲食に使用する以外（消火、清掃、入浴等）はもっぱら海水が使用される。ポンプは電動だが、電源や電路の破損で使用不能にならないように予備電源等も用意される。消火効率向上の方法として、ホースに空気と海水を混ぜて発泡させる機構（イギリス）を組み込んだり、格納庫へのスプリンクラーの設置等も行われる。

現代空母の構造

多様な設備と人員が機能するスーパー・キャリアの全貌

　今日、アメリカ海軍の原子力空母は「**スーパー・キャリア**」の通称で呼ばれている。ここでは、軍艦であると同時に「浮かぶ飛行場」でもある原子力空母の構造に目を向けてみよう。

　まずは動力源の原子炉である。**ニミッツ級**の場合、燃料棒の交換は10年ごとに1度、炉自体の寿命は約50年とされている。原子力を動力としたおかげで自

アメリカ海軍ニミッツ級原子力空母の全容(1)

❶カタパルト・レーン (メインデッキ)
❷カタパルト・レーン (アングルドデッキ)
❸電子戦機EA-8プラウラー
❹早期警戒機E-2ホークアイ
❺艦上戦闘攻撃機F/A-18ホーネット
❻右舷舷側エレベーター
❼艦橋
❽SATCOMアンテナ
❾後部左舷エレベーター
❿CIWS
⓫アンカー

写真右は『ハリー・S・トルーマン』、左はネームシップ『ニミッツ』。いずれもF-14の退役を受けて艦上戦闘機と艦上攻撃機がF/A-18シリーズに一本化されて以降の2010年代の撮影。どちらもアングルドデッキの舷側レーンを発艦用に開けている状態で、メインデッキ上は駐機エリアになっている。

艦用の燃料タンクが不要となり、空いた部分を航空機用の燃料や弾薬の積載スペースに割くことができた。次に**飛行甲板**だが、前部には艦上機射出用の**カタパルト**が、また、後部には着艦時に使用する**アレスティング・ワイヤー**が備えられている。そして、下の**格納庫甲板**やさらに下の艦上機用弾薬庫との往来用に、航空機用エレベーターと弾薬用エレベーターがある。

　航空機用燃料は、配管によって艦底部のタンクから格納庫甲板や飛行甲板まで送られる。格納庫甲板の後端、艦尾部にはジェット・エンジンの試運転台も設けられている。

　アイランド (艦橋)は、軍艦としての航海と「浮かぶ飛行場」の航空管制、この両方の役割をはたすため、階によって仕事が異なっている。また、航空作戦も含めた管制をおこなうCATCC (空母航空管制所) と、**空母打撃群**全体の戦闘指

揮を掌るCDC（戦闘指揮所）は、隣接して艦内深くに設けられている。攻撃力の源である各飛行中隊のレディ・ルーム（待機室）は、ギャラリー・デッキに各隊ごとに1室が割り当てられている。

　燃料を満載しミサイルや爆弾を積んだ艦上機はまさに「可燃物」の塊であり、アメリカ海軍の空母も過去に何度も火災事故を起こし、多数の犠牲者を出した。

アメリカ海軍ニミッツ級原子力空母の全容（2）

航行中のニミッツ級「セオドア・ルーズベルト」。1990年代の姿。フライトデッキでは艦上戦闘機F-14Dトムキャットが発艦態勢に入っており、機種統合が始まる前の様子を表している。可変翼機なので駐機中は主翼を折り畳んでいるが、それでもF-14はかなり大型でスペースをとる艦上機であった。

そのため、艦上機が収納される格納庫甲板の消火設備は特に強力で、大量のスプリンクラーが設置されているほか、防火防爆扉によって3ブロックに分割でき、それぞれのブロックにダメージ・コントロール・センターが設けられるなど、随所に厳重な安全対策が施されている。

『ニミッツ』の艦上で発艦準備に入るF-35CライトニングII。F-35の充足により交替が進む予定のF/A-18の姿も見える。手前のC-2グレイハウンドもティルトローター機オスプレイとの交代が決まっている。2016年頃の撮影。

⑫SPS-48E三次元対空捜索レーダー、⑬ジェット・ブラスト・デフレクター（起倒式ジェット後流遮蔽板）、⑭SPS-64航海レーダー、⑮SPS-45 (V) 二次元対空捜索レーダー、⑯Mk・78mod1射撃指揮レーダー、⑰大型艦上クレーン車、⑱艦上戦闘機F-14トムキャット、⑲シー・スパローSSMランチャー、⑳右舷後部エレベーター、㉑艦橋（上から航空管制所、航海艦橋、戦闘艦橋、フライトデッキ・コントロールルーム）、㉒艦上戦闘機F-35CライトニングII、㉓艦上戦闘攻撃機F/A-18E/Fスーパーホーネット、㉔艦上輸送機C2グレイハウンド、㉕後部着艦デッキ、㉖前部発艦デッキ（アングルドデッキ）

3人の大佐が 巨大空母を動かす

　艦長は、今日の**スーパー・キャリア**では大佐が務めており、軍艦としての空母に全責任を持つ。艦上機を主攻撃力にする必要上、海軍航空隊の**艦上機搭乗員**（多くはパイロット経験者）が海技訓練を経て、空母の艦長に就任するのが一般的である。

　副長は、艦長に代わって艦を運用するうえでの実務全般の管理を行う立場にあり、艦長と同じ大佐が務めるが、その場合は原則として艦長が先任、副長が後任である。事実上「現場の総責任者」となる副長は艦長以上に多忙なのが実情だ。特に空母の副長の場合は「艦長への登竜門」であることがほとんどで、ほかの艦種の艦長に就任するとしても、やはり艦上機を運用する**強襲揚陸艦**など艦種は限られる。

　なお、副長の下には、各科の科長として多くの中佐や少佐がいる。

　一方、ローテーションで空母に載る**航空団**の司令は大佐で、その航空団隷下の各飛行中隊の隊長は、いずれも中佐が務める。

　こうして艦長、副長、航空団司令の3人の大佐がそれぞれの専門分野を掌ることでスーパー・キャリアは運航されるが、それが可能となったのは、今日のスーパー・キャリアは必ず**空母打撃群**を構成し、その旗艦を務めるからである。空母打撃群の司令官は少将または中将が務め、同じ艦に座乗するので、ちょうど打撃群全体を指揮する「将官」の下に、分野別の実務をあずかる最上位の「佐官」が3人集まった形になり、「大佐同士の意見が合わない」という事態が予防される。しかも、空母打撃群を指揮する司令官自身もまた空母の艦長出身であることが多いため、いっそうトラブルは起こりにくい。

　だが、第二次大戦中から冷戦期にかけては、海軍航空隊出身の大佐が空母の艦長を務め、副長は中佐、**航空団司令**を大佐として、艦長と空母の攻撃力の主体である航空団司令が横並びで配されるという時期もあった。

航海艦橋の配置の一例

コンソールで操作を行う
航海科スタッフ。

写真は航海艦橋内の配置の一例。艦長と
副長の下に航海科のスタッフが集まる。
艦長は、航海科ほかの各部門からの報告
を受けつつ運航を管理する。航海科のデ
ータコンソールにはタッチ・スクリーン
式のモニターが設置されているが、現在
の軍艦においてデータ管理のデジタル
化が進んでいる一つの例である。

航海科のメイン・コン
ソールを艦長席側か
ら見たところ。コンソ
ールの操作はタッチ・
スクリーン式である
ため、パネルの周辺に
大掛かりな機材や操
作部はない。なお、航
海長は中佐で、写真は
航海士と思われる。

艦上機の運用を支える レインボー・ギャング

作戦行動中の**スーパー・キャリア**の**飛行甲板**では、カラフルなユニフォームを着用した多数の将兵が、艦上機の合間を縫うようにしてかいがいしく働いている。彼ら全体をまとめて**デッキ・クルー**と称するが、例えばカタパルトからの発艦操作やエレベーターの昇降などのような空母側の装備を扱うクルーと、各艦上機の機付き整備兵のような航空団側のクルーに大別される。

各クルーは、その役割に応じて決められた色のヘルメットとニットシャツ、ライフ・プリザーバー・ベストを着用し、広い飛行甲板上でも、一目瞭然でなんの担当者かがわかるよう配慮されている。ただ単に「きれいだから」という理由で、カラフルなユニフォームを着用しているわけではないのだ。

この色による役割の区別は第二次大戦直前から始まったが、当初は重要なポストの責任者のみが色付きのキャップを被った程度で、今日ほど各人の「色」が明確にされたのは、艦上機が多用されたベトナム戦争以降であった。そのため、職務によって割り振られた各色を「虹の7色」に見立て、デッキ・クルーを総称する別名として**レインボー・ギャング**という言葉も使われている。

なお、各色の意味する職務は以下のごとくである。

イエロー：**カタパルト発艦士官、航空機誘導員**など

ブルー：牽引車などの艦上車両や各エレベーターの操作員、伝令など

グリーン：発着艦装置関連の士官と操作員、**空輸貨物取扱員**など

ホワイト：**着艦信号士官、医務官・衛生兵、安全運用員、液体酸素取扱員、航空団付機体点検員**、外来者（来賓、記者など）など

ブラウン：**航空団機付長、航空機拘束員**

パープル：**航空燃料補給員**

レッド：**航空兵装員、爆発物処理員、緊急要員（クラッシュ・クルー）**

※ただし、ヘルメットの色の違いで微妙に役割が変化するケースもある。

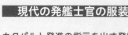

現代の発艦士官の服装

カタパルト発進の指示を出す発艦士官。サインと発艦していく機体の傍らでとる独特のポーズには、確認や安全確保の意味がある。

発艦準備に入るF/A-18の前で待機する航空機誘導員。パイロットに対しカタパルト射出の準備が整うまで待機をうながす。

カタパルト発進を支えるクルー

グリーンのベストを着用したフックアップ・クルーは、艦上機の前脚に射出バーとカタパルト・スプレッターを連結する役割を担う発艦装置操作員。彼らから連結完了の合図があるまでは、カタパルト射出の段階へは進めない。

現代空母の艦上機搭乗員

艦上機を運用する
機上クルーの種類と任務

　スーパー・キャリアの攻撃力の要は艦上機である。そして、その艦上機を動かすのが**艦上機搭乗員**である。映画「トップガン」のように花形は操縦士だが、ほかにもたくさんの「艦上機に乗って仕事をする」、いわゆる搭乗員（クルー）がいる。それらは次の通りだ。

【操縦士】アメリカ海軍では「パイロット（Pilot）」とは呼ばずに「**ネーヴァル・アヴィエイター（Naval Aviator）**」と称する。ただし戦闘機、攻撃機、早期警戒機、ヘリコプターなど、飛ばす機種ごとに免許が異なるため、どの航空機でも飛ばせるというわけではない。

【機上レーダー員】複座機の後席などに乗ってパイロットの補助をする。最近では電子戦士官を兼ねることも多い。

【電子戦士官】**電子戦機**に搭乗し、敵の電波を妨害したり電子的攻撃を加える。

【機上管制官】**早期警戒機**に搭乗し、機上から航空作戦を指揮する。

【対潜捜索／攻撃員】**対潜ヘリコプター**に乗って敵の潜水艦を探し攻撃する。

【パラレスキュー】**救難ヘリコプター**から降下して救難作業に従事する。

【ロード・マスター】輸送機や輸送ヘリコプターにおける貨物室クルー。貨物搭載のスペシャリストであると同時に、輸送ヘリコプターなどの場合は機上機銃手を兼ねることもある。

　原則として海軍の操縦士は士官なので、海軍兵学校や一般大学など、大学教育またはそれと同等と認められる教育を修了したことが志願資格となる。基礎試験をパスして操縦士養成課程に入ると、まず座学、続いて単発機の基礎飛行訓練が行われる。全課程において厳しい選別があり、初級ジェット機訓練を経て最終的に着艦／発艦訓練を通った者だけが海軍操縦士記章を授与されるが、卒業できるのは入校時の三分の一以下という狭き門。とはいえ、脱落者には機上レーダー員、電子戦士官といった、ほかの搭乗員への道も開かれている。

艦上機搭乗員の装備の一例

❶ヘルメット、❷空気送管接合部、❸酸素マスク、❹耐Gベスト送気ホース、❺耐Gスーツ送気ホース、❻フライトスーツ、❼耐Gベスト、❽耐Gスーツ、❾フライト・ブーツ、❿グローブ

イラストは艦上機搭乗員の基本装備の一例。戦闘機等のアヴィエイター（操縦士）は、これらの装備に加え首まわりにライフ・プリザーバー（浮き）やサバイバル・ポーチなどの不時着用の装備を装着する。

F/A-18を操縦中のアヴィエイター。装着しているヘルメットはHGU-87/Pというモデルで、大きなG（負荷）がかかった際に、酸素マスクからの空気で気嚢を膨らませ、視野喪失や失神につながる後頭部への血液逆流を防ぐ機能を備えている。

艦上の車両

艦上機の運用を支える働き者
空母が搭載する各種車両

かつて航空機が「凧に毛の生えたようなもの」だった時代には、着艦に失敗した艦上機をクルーが総出で素手で押さえ込んで着艦させるような局面もあったが、巨大な**スーパー・キャリア**の艦上で重量のある現代機を扱う今日では、どうしても各種の車両の力を借りなければならない。第二次大戦中から、ジープを軽量化したトラクターなどが空母上で使用されてきたが、今日のスーパー・キャリアでは、以下のような車種が活躍している。

【A/S32A-32**トーイング・トラクター**】艦上機牽引用の超信地旋回（その場での360度旋回）が可能なトラクター。狭隘な飛行甲板や格納庫甲板で艦上機の牽引と移動に重宝される。

【MD-3トーイング・トラクター】飛行甲板や格納庫甲板で車両の力が必要とされるときに使われる「スーパー・キャリア上の便利車」。一般的なトーイング・トラクターとして艦上機を牽引するのはもちろん、艦上機に搭載する弾薬のトレーラーや、艦上機に搭下載する貨物のトレーラーの牽引、耐火服を着込んで動きが鈍くなった消防隊員の移送、エンジン始動ユニットを載せて艦上機のエンジン始動、港内での物資の積載など、さまざまな局面で活躍する。そのため「ミュール（騾馬）」の愛称でも呼ばれる。

【P-25消防車】**艦上消防車**は、出火直後に消火できれば被害を最小に抑えられるという過去の空母火災事故の経験から導入された。本車の場合、泡沫消火剤AFFFを60ガロン、水を750ガロン搭載し、必要に応じて単独で、あるいは混合して放射することができる。

【クレーン車】**艦上クレーン車**は、第二次大戦中から「ティリー」の愛称で呼ばれている。着艦に失敗した機体の撤去や重量物の移動など活躍の局面は多い。

【クリーン車】水と洗剤のタンクを装備し、その混合液のジェット水流と回転ブラシで、飛行甲板上にこびり付いた油や車輪から出るゴム滓を除去する。

ニミッツ級の『ハリー・トルーマン』の飛行甲板上でヘリコプターの吊り上げ作業を行う艦上クレーン車「ティリー」。かなり大型のクレーン車だが、それが楽々と作業できるほどにスーパー・キャリアの甲板は広い。

航空機の移動、各種クルーや装備、弾薬の移動などに活躍するMD-3トーイング・トラクター。空母の常備車両とも言えるほど飛行甲板の至るところで目撃される。後方に見えるのは電子戦機EA-6Bプラウラー。

各種消火装備を備えるP-25消防車。常に火災発生の危険性がある空母には不可欠の車両である。車体固定の消火装備のほか、写真でも運転席横に確認できる携帯消火器を数種類備えている。

乗員の任務や生活を支える各種設備

スーパー・キャリアには、艦固有の乗組員と航空団要員合わせて約6000名が乗っている。そのため、艦内にはあらゆる施設が整っており、クルーたちの間では「ないのはバーと風俗店だけ」というジョークもあるほどだ。では、実際にはどのような施設があるのだろうか。

まず食堂である。1日で合計約1万8000食が供される食堂は、**ワードルーム**（士官用）、**CPOメス**（上級下士官用）、**メスデッキ**（一般下士官と兵用）に加えて、作業着でも入れる**ダーティ・シャツ**（士官用）の4つがあり、メスデッキの一隅やダーティ・シャツなどは24時間オープンしている。

軍艦なだけに医療設備も著しく充実しており、高度な手術も行える手術室や集中治療室を備えた医務局には、10名もの医師と5名の歯科医が乗務している。これは、**空母打撃群**の旗艦として隷下の各艦に医療を提供しなければならない場合があるのに加えて、2011年の**「トモダチ」**作戦のように、スーパー・キャリアは災害救援などに派遣されることも多いためである。また、この災害派遣時の避難民の収容に加えて、必要に応じて海兵隊や特殊部隊を乗せるため、兵員向けの3段式ベットなどは、普段から1割程度の「空き」が確保されている。

工作室は各パートに分かれており、金工、木工、縫裁からジェット・エンジンの修理に至るまでがこなせる、コンパクトながら複合工場にも負けないだけの技術と内容の高さを誇る。洗濯部門は1日約5tもの洗濯物を処理する。また、艦内にはチャペルも3か所設けられており、心の安らぎを得ることができる。**ミニモール**と呼ばれる酒保はほとんどコンビニエンス・ストアで、スナック菓子や清涼飲料水、カップ麺など支給品以外の嗜好品が購入可能。ほかにも艦内放送のテレビ局のスタジオにフィットネスジム、1日最大40人の散髪が可能な理髪コーナー、ATM（現金自動預け払い機）、艦内郵便局に営倉など、艦内には、生活に何不自由ない環境が整っている。

搬入された物資をそれぞれ仕分けされた倉庫へ送る作業中の貨物搬送担当クルー。航行中に輸送機や補給艦から積み込まれた日用品や食料などの物資は格納庫に収められ、そこからベルトコンベヤー等を使って各部へと移される。

厨房で大ナベをかき回す調理担当クルー。「食事」は長い航海を続けることが多いスーパー・キャリアの乗員にとって最大の楽しみであり、厨房と食堂は重要な施設といえる。

訓練用爆弾を組み立てている武器・整備クルー。イギリスの『アーク・ロイヤル』の整備エリアでの作業中のカットで、背後にはクレーンや工具などが見える。

C-4 飛行甲板の交通整理係

艦上機でごった返す飛行甲板管理は意外にもアナログ式だった。

　現代の空母には各種の艦上機が搭載される。機能的な飛行甲板上では、発艦や待機エリアからの移動、あるいは着艦がほぼ同時進行で行われることも少なくないが、その艦上機の交通整理を行っているクルーが「フライト・デッキ・コントローラー」だ。彼らはウィジャ・ボードと呼ばれる飛行甲板を模った(かたど)ボードを使用し、その上に艦上機のシルエットを模したアルミ・プレート（固有の機番号も記されている）を並べ、刻々と入ってくる行動中の機の情報を元に手作業でシミュレート、安全かつ確実な甲板上の移動を指示するのである。

実際のウィジャ・ボード作業の様子。
飛行甲板上の様子を映し出すモニター
等も置かれている。

ウィジャ・ボード

イラストはフライト・
デッキ・コントローラ
ーの"交通整理"の様
子である。多数の艦上
機を運用する現代空母
で、飛行甲板上の安全
を支える重要なクルー
である。

艦上機シルエット・プレート（アルミ製）

空母部隊の編成

空母はどのように部隊として編成されるのか。
第二次大戦、冷戦期、現代に分けて解説する。

日本は航空戦隊 アメリカは任務部隊が基本単位

　空母が出現した当初は、まだ艦上機の性能が低く、偵察や艦隊防空といった補助任務にしか使い途がなかった。そのため1920年代初頭、アメリカでは偵察を主任務とする**巡洋艦戦隊**への空母の配備が考えられた時期があった。日本もまた、戦艦8隻と巡洋戦艦8隻で編成される**八八艦隊計画**の時代には、偵察と防空のため、戦艦隊と巡洋戦艦隊に空母を1隻ずつ配備することを考えていた。

　しかし1930年代になると航空機の性能が著しく向上し、艦上機を使った敵艦隊への先制攻撃という概念が生まれた。パイオニアは日本海軍で、**海軍軍縮条約**で主力艦の保有比率がアメリカ、イギリスより低く抑えられたことを、艦上機、潜水艦、長距離陸上攻撃機の戦力によって補うという発想による。また、日本海軍は日中戦争で、世界で初めて空母を実戦運用し貴重な戦訓を得ていた。その結果、太平洋戦争勃発時の日本海軍の空母部隊の最小単位は最低2隻の空母と護衛艦艇で編成された**航空戦隊**となり、必要に応じて、航空戦隊をいくつか集めて**機動部隊**を編成したが、この概念は終戦まで変わらなかった。

　一方米海軍は、当初は空母保有数が日本より少なかったこともあり、空母を個艦扱いし、必要に応じて、空母1隻に護衛艦艇を組み合わせた**任務部隊（タスク・フォース）**を編成するという方針で太平洋戦争を迎えた。戦争の進捗に伴って新造空母が多数登場すると、1個任務部隊を編成する空母が複数になり、空母の隻数に見合う護衛艦艇が配属されて規模が大きくなった。戦争末期には、肥大化した任務部隊をいくつか合わせた巨大な機動艦隊が編成された。

　大西洋や地中海が主戦場だったイギリス海軍は、敵が空母を運用していなかったため、空母を艦隊決戦の主力としてではなく船団護衛や陸上攻撃のプラットフォームとして使用した。そのため、アメリカの初期の任務部隊と類似した編成で運用したが、大戦末期、太平洋に進出した際には、やはりアメリカと同様に複数の空母と相応の隻数の護衛艦艇で機動艦隊を編成した。

ミッドウェー海戦時の日米空母部隊の編成比較

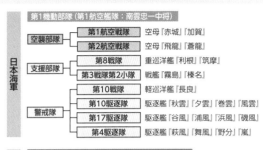

第1機動部隊（第1航空艦隊：南雲忠一中将）

日本海軍

空襲部隊	第1航空戦隊	空母『赤城』『加賀』	
	第2航空戦隊	空母『飛龍』『蒼龍』	
支援部隊	第8戦隊	重巡洋艦『利根』『筑摩』	
	第3戦隊第2小隊	戦艦『霧島』『榛名』	
警戒隊	第10戦隊	軽巡洋艦『長良』	
	第10駆逐隊	駆逐艦『秋雲』『夕雲』『巻雲』『風雲』	
	第17駆逐隊	駆逐艦『谷風』『浦風』『浜風』『磯風』	
	第4駆逐隊	駆逐艦『萩風』『舞風』『野分』『嵐』	

アメリカ海軍

第17任務部隊（フランク・J・フレッチャー少将）

第5群	空母『ヨークタウン』
第2群	重巡洋艦『アストリア』『ポートランド』
第4群	駆逐艦『ハンマン』『アンダーソン』『グウィン』『ヒューズ』『モリス』『ラッセル』

第16任務部隊（レイモンド・R・スプルーアンス少将）

第5群	空母『エンタープライズ』『ホーネット』
第2群	軽巡洋艦『アトランタ』、重巡洋艦『ミネアポリス』『ニューオリンズ』『ノーサンプトン』『ペンサコラ』『ヴィンセンス』
第4群	駆逐艦『フェルプス』『ウォーデン』『モナガン』『アイルウィン』『バルチ』『カニンガム』『ベナム』『エレット』『マウリィ』

日本が1個機動部隊に作戦参加の全4隻の空母を集中させているのに対し、アメリカは3隻の空母を2つの任務部隊に振り分けている。空母2隻を擁する第16任務部隊の護衛艦艇数が空母1隻の第17任務部隊より多めなのに注目。日本海軍は、護衛艦艇（図中の支援部隊、警戒隊）の艦艇を各航空戦隊に振り分けていた。

空母部隊の輪形陣（アメリカ海軍）

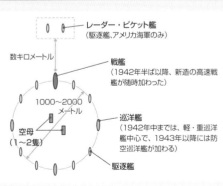

レーダー・ピケット艦
（駆逐艦、アメリカ海軍のみ）

数キロメートル

戦艦
（1942年半ば以降、新造の高速戦艦が随時加わった）

1000～2000メートル

巡洋艦
（1942年中までは、軽・重巡洋艦中心で、1943年以降には防空巡洋艦が加わる）

空母
（1～2隻）

駆逐艦

図はアメリカ海軍の任務部隊の陣形の一例。空母の周囲を大小の護衛艦艇が取り囲む「輪形（りんけい）陣」は、対空防御火網に死角が少ないという利点があった。円の直径は構成にもよるが、1000から2000メートル前後。開戦当初、日本海軍は空母を中心に艦艇を直線的に配した警戒序列を採っていたが、のちに輪型陣に移行している。なお、レーダー・ピケット艦はアメリカ海軍が採用した早期警戒のための配置で、日本は実施していない。

ソ連軍のミサイルの雨を防げ！アメリカの艦隊防空の先進技術

第二次大戦が終結すると、従来の世界の3大空母保有国のうちの日本が敗戦で海軍自体を失ったため、アメリカとイギリスだけが主要な空母運用国となった。同大戦終了後、すぐに**東西冷戦**が勃発。世界各国が2陣営に分かれて対峙状態にあるなか、アメリカの盟友イギリスは、経済的衰退により、やがて艦隊空母の運用を極端に縮小せざるを得なくなってゆく。このような情勢下にあって、「世界の警察官」を自負するアメリカは多数の艦隊空母を維持し続け、東西冷戦極初期のアメリカ核戦略の2本柱、すなわち**核爆弾搭載戦略爆撃機**と**核爆弾搭載艦上機**のうちの後者を空母に担わせることとした。

そのため、**空母戦闘群**と名前を変えたかつての機動艦隊は、ソ連沿岸に接近して攻撃を行わねばならなくなった。対するソ連では、どうすればアメリカの空母戦闘群を沿岸に寄せ付けずに撃退できるかが、戦後の海洋戦略の第一歩となった。1960年代に入ると、アメリカの核戦略は**大陸間弾道ミサイル、戦略爆撃機、弾道ミサイル搭載原子力潜水艦**の3本柱へと変化するが、通常火力の陸地への投射に加えて核攻撃も可能な空母戦闘群はきわめて有用であり、その撃退は、相変わらずソ連海軍の命題であった。こうして1970年代に編み出されたのが、水上艦および潜水艦からの**長距離艦対艦ミサイル**の大量発射と、陸上基地を発進した洋上攻撃機の大編隊からの**空対艦ミサイル**の大量発射が同時に着弾する、対処可能限界を超える対艦ミサイルの槍衾（やりぶすま）＝飽和攻撃だった。

これに対抗するため、アメリカ海軍は**多目標同時迎撃能力**を備え、制空と艦隊防空に特化したF-14艦戦、**海軍戦術情報システム**を用いた情報の共有による**多目標同時迎撃**、シー・スパローやCIWSといった**末端迎撃兵器**の充実を図るとともに、空母戦闘群には空母1隻のほか、**ミサイル巡洋艦**2〜3隻、**ミサイル駆逐艦**4〜5隻、**対潜フリゲート**2〜4隻、攻撃型原潜1〜2隻、補給艦1〜2隻を配し、対艦ミサイル、航空機、潜水艦に対する守りを固めた。

アメリカ海軍空母戦闘群の基本構成の一例

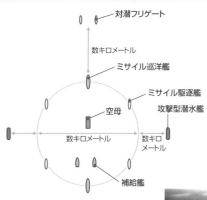

図は空母戦闘群の構成の一例で、対潜フリゲートにより艦隊前方に対潜スクリーンを形成した状態。過渡期の編成では、これに対潜空母等が加わる場合もあった。

- 対潜フリゲート
- 数キロメートル
- ミサイル巡洋艦
- ミサイル駆逐艦
- 空母
- 攻撃型潜水艦
- 数キロメートル
- 数キロメートル
- 補給艦

前方に攻撃型潜水艦、周囲にミサイル巡洋艦、ミサイル駆逐艦、その後方に補給艦を従えたスーパー・キャリアという、冷戦期の構成の空母戦闘群。デモンストレーションのため、艦隊が密集している。

イージス艦を編入した艦隊構成の一例

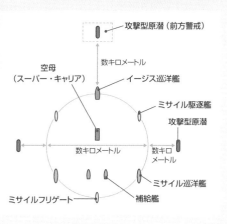

冷戦末期の空母戦闘群の構成の一例。イージス艦および攻撃型原潜の編入により構成が変化している。攻撃型原潜のポジションは必ずしも固定されていない。ミサイル搭載艦の対潜能力の向上とあいまって、対潜専用艦は姿を消している。

- 攻撃型原潜（前方警戒）
- 数キロメートル
- 空母（スーパー・キャリア）
- イージス巡洋艦
- ミサイル駆逐艦
- 攻撃型原潜
- 数キロメートル
- 数キロメートル
- ミサイルフリゲート
- 補給艦
- ミサイル巡洋艦

イージス艦で戦闘力向上も 現代の空母艦隊はコンパクト?

空母戦闘群をソ連の対艦ミサイルの飽和攻撃から守るため、より高度な戦術情報システムとして、当時、「究極の艦隊防空システム」と称された**イージス・システム**が開発されて東西冷戦の末期に導入された。その結果、艦隊防空の合理化が進み、空母戦闘群を構成する艦艇数の削減が可能となった。

冷戦の終末期でもある1989年の湾岸戦争時の1個空母戦闘群の編成は、空母1隻、ミサイル巡洋艦（イージス艦含む）3隻、ミサイル駆逐艦2隻、ミサイル・フリゲート1隻、フリゲート1隻、攻撃型原潜2隻、補給艦1〜2隻というもので、イージス・システムの出現で以前に比べて護衛艦艇が1〜3隻減少していることがわかる。ただし、本書で紹介している1個空母戦闘群の編成隻数はいつの時代でもあくまで標準値であり、任務に応じて若干の増減がある。

1991年のソ連邦崩壊により東西冷戦が終結すると、「空母戦闘群対飽和攻撃」というシナリオは消滅した。その代わりに表面化したのが、国際紛争や内戦などのいわゆる**低烈度戦争**である。海兵隊や特殊部隊を送り込み、通常兵器を用いて限定的な範囲で戦闘を繰り広げるこのような戦争の場合、1個空母戦闘群がはたす役割はきわめて大きい。しかも、想定される敵は空母戦闘群に正面から挑めるような戦力を擁していないことがほとんどである。そのため、2006年以降は空母戦闘群改め**空母打撃群**と名称変更がなされただけでなく、編成もスリム化された。典型的な編成例はスーパー・キャリア1隻、イージス巡洋艦1隻、イージス駆逐艦2隻、攻撃型原潜1隻、補給艦1隻のわずか6隻だが、巡洋艦と駆逐艦がともにイージス化されているので、それこそ東西冷戦時代の対艦ミサイル飽和攻撃でも受けない限り、通常の状況下での防空はほぼ完璧である。また、今日のアメリカ海軍の攻撃型原潜に正面から挑んで勝てる他国の潜水艦は皆無といえるので、隻数こそ以前より少なくなったが、今日のアメリカ空母打撃群の戦闘能力は世界最強といっても過言ではない。

＊イージス・システム＝多目標同時追尾・迎撃システム

空母戦闘群の構成艦のイージス化が進む過程では、旧来の艦種との混在が多く見られた。写真は空母戦闘群の構成だが、イージス艦の割合が増えている途上の編成のようだ。

現代の空母打撃群は、まさに少数精鋭の艦艇構成になっている。スーパー・キャリアの前方を進むのは攻撃型原潜。後方にはイージス駆逐艦が続く。展示航行なので艦艇間の距離はかなり近い。

アメリカ海軍の空母打撃群の構成の一例

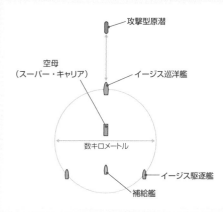

攻撃型原潜

空母
（スーパー・キャリア）

イージス巡洋艦

数キロメートル

イージス駆逐艦

補給艦

図は空母打撃群の構成の一例。潜水艦のポジションは、前進哨戒をイメージしているが、もちろん艦隊の側方に位置する場合もあり、フレキシブルである。同時に多数の目標を捜索・標定し攻撃を管制できるイージス艦は、従来の多数の艦艇の能力を集約しており、その存在の大きさがわかる構成といえる。

対アジアの中核・横須賀に見る アメリカ海軍空母配置の今昔

　根拠地とは、軍艦の基地であると同時に当該の軍艦の**母港**のことで、スーパー・キャリアも含むすべての軍艦に母港が定められている。数か月〜年単位で派遣されるケースもある**分遣基地**や**駐留基地**とは異なり、母港には、配備されている艦種の整備が完璧に行える技術力と施設が求められ、その軍艦の乗組員の家族が住めるだけの規模の居住区域を擁することもまた求められる。このような理由から、大型の軍艦ほどアメリカ本国に母港を置かざるを得なくなる。

　しかし全世界でただ1か所、最新テクノロジーの塊であると同時に、乗組員が多く、必然的にその家族もまた多いスーパー・キャリアの母港として、国外であるにもかかわらずアメリカ海軍が認めている場所がある。それが、一般に「**横須賀ベース**」と称されている「**アメリカ海軍横須賀施設**」だ。同施設は、江戸幕府が1865年に設立した**横須賀製鉄所**を中心に広がり**鎮守府**が置かれた旧日本海軍屈指の海軍基地を、終戦直後からアメリカ海軍に供しているもので、海上自衛隊の**横須賀基地**に隣接し、一部に共同使用地区もある。

　横須賀は、極東や中東の有事に対応するには沖縄同様に絶好の立地であり、施設と技術の水準がアメリカ本国並みであるうえ、日本の国情が安定しており治安がよいなどの理由から、太平洋西部を担任する**第7艦隊**司令部が置かれた。空母の母港化は1973年に前進展開空母として配備された通常動力の『ミッドウェー』が最初で、1991年に『インディペンデンス』へと交代。

　1998年には『キティホーク』に交代しているが、1970年代に配備された『ミッドウェー』はまだしも、後二者に関しては、世界で唯一の原爆被爆国である日本に対する配慮から、あえてアメリカ海軍でも退役が進んでいた**通常動力空母**が選ばれたという。だが2008年9月、アメリカ海軍最後の通常動力空母である同艦の退役にともない、スーパー・キャリアの『ジョージ・ワシントン』が配備され、2015年10月には『ロナルド・レーガン』へと交代した。

All about aircraft carrier

1950年に撮影されたエセックス級空母『レイテ』の横須賀入港時の様子。ジェット化改装後で、飛行甲板にはグラマンF9Fパンサー艦上戦闘機等が並んでいる。

時期は不明だが、画面左上に見える空母は通常動力艦の『キティホーク』。手前のドックにはイージス艦が入渠している。

初来航時の原子力空母『ジョージ・ワシントン』。飛行甲板上に人文字で日本語の挨拶を描くなど、アメリカ海軍が「原子力」と「日本人」の特別な感情に配慮している様子が見て取れる。

C-5

飛行甲板を守る伸縮継手

空母の生命線、飛行甲板を破壊から守る技術とは？

空母の船体が航行時に受ける負荷は、時に大きな破損に至る危険を秘めている。既述の「荒天時に船首部分に強い波を受ける」ことも危険だが、大きくうねる波も無視できない負荷をかけてくる。船体中央を持ちあげる波長により、船体が弓なりにたわんでしまうのである。

装甲空母のように**飛行甲板**が強度甲板化され、全体が強固ならば強度限界は高い。しかし船体甲板を強度甲板とし、その上に格納庫・飛行甲板を載せた構造の場合、船体は強度甲板により負荷に耐えられたとしても、より大きな歪みを受ける最上部の飛行甲板は強度限界を超えて破断する危険がある。

そこで考えられたのが**伸縮継手**構造だ。これは飛行甲板とそれを支える構造部を数か所で分割し、伸縮機構を組み込むというもの。負荷がかかると伸縮部が広がって破断を防ぐ。この構造は第二次大戦の日米の艦隊空母の多くに採用されている。

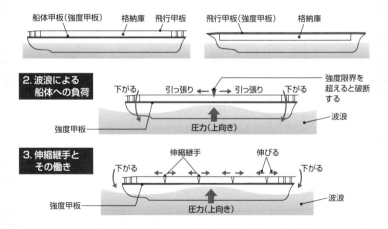

1. 船体の構造と強度甲板の関係　船体甲板が強度甲板となっている空母（左図）の場合、飛行甲板は歪みを発生しやすい。それを防ぐのが伸縮継手だ。

船体甲板（強度甲板）　格納庫　飛行甲板　　飛行甲板（強度甲板）　格納庫

2. 波浪による船体への負荷

下がる　　引っ張り　←　→　引っ張り　　下がる

強度限界を超えると破断する

強度甲板　　圧力（上向き）　　波浪

3. 伸縮継手とその働き

伸縮継手　　伸びる

下がる　　　　　　　　下がる

強度甲板　　圧力（上向き）　　波浪

空母の運用

空母を戦力として機能させる運用法について、
第二次大戦と現代に分けて詳解する。

空母戦の初動！
敵の動向を捉える索敵法とは？

　航空機による敵部隊の捜索＝**索敵**は、空母の重要な役割の一つである。第二次大戦勃発後、海戦の主軸が戦艦等を中心とする砲撃戦から空母航空戦に移行（特に太平洋戦域で顕著）すると、交戦距離は戦艦主砲射程の数十倍に達する遠距離となり、航空機による索敵が重視されるようになった。

　日本海軍では、1942年のミッドウェー海戦までは**黎明一段索敵**が用いられていた。これは索敵機の発艦を夜明けの黎明時に行い、複数の索敵機をほぼ同時に発進させて各機の進路が重複しないように扇状の索敵エリアを形成するものだ。用いられた機種は巡洋艦搭載の水上偵察機（主に零式三座水上偵察機）や空母搭載の九七式艦上攻撃機で、一つの進路を一機が担当した。一方アメリカ海軍では、翼下に小型爆弾を搭載したSBDドーントレス艦上爆撃機を二機一組（1個分隊）にした**偵察爆撃隊**を複数編成し、日本と同様に扇状の索敵エリアを形成した。敵艦隊発見時にはその通報だけでなく即座の攻撃も行った。

　日本海軍では、ミッドウェー海戦で索敵エリアに死角が生じた反省から索敵法を見直し、まず未明に一段目の索敵機を発進させ、黎明時に二段目を発進させる「**黎明二段索敵**」を採用した（最終的に**三段索敵**まで模索された）。この方法は索敵エリアの死角を減らす効果は高いものの、投入する機数が増えることから、艦上攻撃機を用いた場合に攻撃隊への編入機数が制約を受けるという短所もあった。大戦中期以降、アメリカ海軍では艦載レーダーの性能向上、さらに機上レーダーの開発により索敵の効率化・高精度化が進んだが、日本海軍ではレーダー技術の遅れから、航空機による索敵が重視され続けた。

　索敵機は「自機の現在位置」「敵部隊の進路」「敵部隊の構成」といった諸情報を無線で自艦隊へと通報する。索敵機の役割は通報で終わるわけではなく、「速度や進路の変更の確認」「部隊構成の詳細な観察」などの必要から敵部隊との接触を続けたり、それに付近の索敵機を参加させる場合もあった。

All about aircraft carrier

艦上機による索敵の要領（概念図）

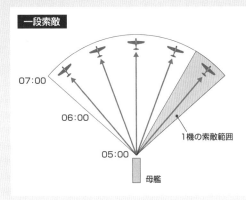

一段索敵

07:00
06:00
05:00
母艦

1機の索敵範囲

図は日本海軍の索敵法の例。母艦を発進した索敵機は扇型に広がりながら海上を捜索する。母艦から離れるほど各索敵機間の間隔が開くため、索敵の死角が生じる危険が高くなる。索敵の最大距離に達した索敵機は左に旋回して折り返し、往路の飛行コースと同じか、間隙となるコースを飛行する。

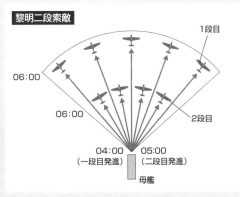

黎明二段索敵

1段目
06:00
06:00
04:00（一段目発進）
05:00（二段目発進）
母艦
2段目

一段目が発進したあと（図では1時間後）に二段目を発進させる。二段目の索敵機の機数は一段目より少なくなる。二段目は一段目の飛行コースの間隙を飛んで死角を埋めることで、一段目の索敵をすり抜けた敵艦隊を発見する可能性が高まる。

索敵にも多用された日本海軍の九七式艦上攻撃機。日本海軍は同機を索敵機として流用したが、アメリカでは爆装した艦爆を用いることで索敵にもある程度の攻撃力を担保していた。

137

第二次大戦②艦内・甲板作業

発艦前に欠かせないプロセス
攻撃計画伝達と兵装の準備！

　索敵機により敵艦隊の情報がもたらされると、空母では攻撃隊の発艦準備が進められる。**艦隊指揮官**レベルで索敵情報に基づく戦力分析が行われ、それが攻撃隊を構成する各飛行隊（戦闘機隊、艦攻隊、艦爆隊等）の飛行隊長に伝達される。航空機への兵装搭載作業もほぼ並行して行われる。弾薬庫から爆弾や魚雷等の兵装が**武器要員**により運び出され、艦上攻撃機や艦上爆撃機に搭載される。兵装搭載作業は、日本では主に波浪や強風の影響を受けにくい格納庫内で、アメリカでは飛行甲板上で行われた。

　エレベーターで格納庫から飛行甲板へと上げられた艦上機には、まだ搭乗員は乗り込んでおらず、飛行甲板に自分の搭乗機が整列した段階で乗り込む。パイロット等の搭乗員は準備が整うまでは自機には搭乗せず、**搭乗員待機所**（日本海軍）や**ブリーフィング・ルーム**（アメリカ海軍等）などの一室で待機することが多かった。搭乗後は、機体各部のチェック、エンジン始動と続く。この手順は戦況や敵の行動によって変わることもある。索敵を行う以前に敵艦隊の動静や戦力が明確になっている場合（二次攻撃隊など）は、兵装搭載、搭乗、エンジン始動という一連の作業間隔が短縮されることがある。

　また敵発見の時刻によっては攻撃が翌日に持ち越される場合もあった。というのも、第二次大戦時の艦上機は、空母自体の機能も含めて夜間運用能力が低く、夜間は飛行が可能であっても着発艦がほぼ不可能だったからだ。日没寸前に攻撃隊を発進させた場合、帰還時刻が夜間になることは明らかで、着艦ができなければ付近に夜間着陸が可能な設備を持った陸上基地でもない限り航空機をすべて喪失しかねない。そのため攻撃隊の発進は、帰還時刻を考慮して決められた。

　これらの発艦準備では混乱が生じる危険度も高く、空母にとっては危険な時間帯でもある。索敵情報によって発艦準備済みの攻撃計画や兵装に変更が加えられ、その結果生じた混乱が勝敗に直結したミッドウェー海戦の例もある。

（左）航空写真を前に攻撃目標あるいは敵情の確認を行うパイロットたち。発艦前にはこうした情報確認が徹底して行われる。

（右）ブリーフィング・ルームに集まった搭乗員たち。部隊指揮官あるいは飛行隊長から全員に向けての任務（作戦）説明が行われ、場合によってはここで発艦時刻まで待機することもある。

兵装庫で爆弾に信管を取り付ける武器要員。信管には安全ピンが装着されている。信管取り付け後の爆弾は、兵装専用のエレベーターで飛行甲板へと上げられる。

兵装エレベーター（クルーたちが覗き込んでいる細長い空間。写真はエレベーターが下がっている状態）とその脇に並べられた爆弾。安定翼は未装着の状態で、このあと甲板上の武器クルーにより安定翼装着、機体への搭載となる。信管の安全ピンは機体搭載後に外される。

攻撃の成否に関わる爆弾と魚雷の種類

空母の攻撃力とは、航空機に搭載する兵装であり、対艦攻撃に用いられる兵装は第二次大戦では魚雷と爆弾であった。攻撃隊の構成機種は、日本等の主要空母運用国では艦上戦闘機（艦戦）、艦上攻撃機（艦攻）、艦上爆撃機（艦爆）の三種で、このうち艦攻は爆弾または魚雷を、艦爆は爆弾を主兵装とする。艦戦は爆弾も搭載可能だが当初は小型爆弾しか搭載できなかったため、対艦攻撃力は低かった。ただし、大戦中期以降になるとアメリカ海軍に2000馬力級エンジン搭載の艦上戦闘機が登場して1000ポンド（454キロ）クラスの爆弾を搭載可能になり、また大戦後期の日本海軍のように旧式化した零式艦上戦闘機を強引に爆装化して**爆戦型（爆撃戦闘機型）**を開発した例もあるなど、艦戦全般が対艦戦闘に不向きだったわけではない。

第二次大戦では、艦上機用として30キロ前後の小型から最大800キロの大型まで、様々な重量・大きさの爆弾が使用された。このうち対艦用として使用されたのは250キロ、500キロ前後の爆弾で、250キロよりも軽量・小型の爆弾は主に対地攻撃用か対艦用でも効果が限られるものだった。日本海軍では長門型戦艦の主砲弾を改造した重量800キロの**九九式八〇番徹甲爆弾**を真珠湾攻撃で使用した。この徹甲爆弾は高度2500メートルから投下して150ミリの**水平装甲**を容易に貫通するなど非常に威力が大きかった。

兵装の中で最も対艦攻撃力が高いとされるのは魚雷で、航空機に搭載される魚雷は特に「**航空魚雷**」と別称され、艦艇搭載用の魚雷に比べて軽量小型（全般的に威力もやや劣る）である。航空機からの魚雷投下のアイデアは1910年初頭からだが、以後各国は水面接触時の耐衝撃性や安定航走を求めて改良を加えた。第二次大戦時、性能的に優れていたのは日本海軍の**九一式魚雷**で、アメリカ海軍もこれを参考にして自国の**Mk.13航空魚雷**に改良を加えている。日本海軍は九一式を逐次改良し、主に炸薬量の増大により威力向上を目指した。

日本海軍の主要な対艦用爆弾

❶弾頭発火装置、❷炸薬、❸発火装置、❹信管、❺弾体外殻

図は日本海軍が使用した主な対艦用爆弾。対艦用は通常弾（通常爆弾）と呼ばれ、対地用は陸用爆弾と呼ばれていた。艦爆用には開戦初期〜中期は主に二五番が、のちに五〇番が主流となった。装甲貫通力が高い徹甲爆弾は、他の対艦用に比べて外殻部が分厚く炸薬量は少ない。大戦末期、日本海軍は特攻任務の艦爆に五〇番通常爆弾や八〇番徹甲爆弾を搭載しており、このいずれかを使用して空母『フランクリン』を沈没寸前に追い込んでいる。

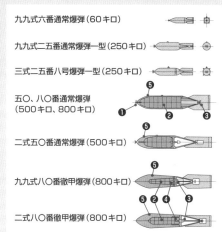

九九式六番通常爆弾（60キロ）

九九式二五番通常爆弾一型（250キロ）

三式二五番八号爆弾一型（250キロ）

五〇、八〇番通常爆弾（500キロ、800キロ）

二式五〇番通常爆弾（500キロ）

九九式八〇番徹甲爆弾（800キロ）

二式八〇番徹甲爆弾（800キロ）

爆弾の効果の概念図

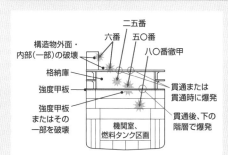

構造物外面・内部（一部）の破壊

六番　二五番　五〇番

八〇番徹甲

格納庫

強度甲板

強度甲板またはその一部を破壊

貫通または貫通時に爆発

貫通後、下の階層で爆発

機関室、燃料タンク区画

図は爆弾の重量ごとの威力を比較したもの。破壊の範囲については省略。日本海軍の通常爆弾は基本的に弾体重量が大きいものの方が破壊力も大きく、非装甲（および弱装甲）部分の貫通力も高い。最も貫通力が高いのは徹甲爆弾で、炸薬量自体は同重量の通常爆弾より少ないものの、元々は対戦艦用として開発されただけに強度甲板の装甲も貫通して内部で爆発する可能性が高く、空母に使用した場合は大きな破壊をもたらす。

日本海軍九一式魚雷の炸薬量

本体形式	弾頭部形式	炸薬量(kg)	全重量(kg)
九一式	九一式	149.5	787
九一式改一	九一式改一	149.5	787
九一式改二	九一式改二	204	838
九一式改三	九一式改三	235	848
九一式改三	九一式改三改	235	848
九一式改五	九一式改三改	235	848
九一式改五	九一式改七	420	1080

日本海軍の九一式魚雷にはいくつかのバリエーションがある。魚雷は、推進器と燃料を搭載する本体と、炸薬と信管を備える弾頭部に分かれており、その組み合わせで7種類あった。射程は本体形式が改五のものが1500メートルで、それ以外は2000メートル。炸薬量は、最後期の改七では初期のものの三倍近くに達し、いかに威力向上を目指していたかがわかる。

第二次大戦④発艦待機

甲板待機から発艦へ
攻撃部隊の序列と規模

　艦上機は、飛行甲板に上げられると部隊単位で発艦順に整列する。日本海軍の場合、攻撃隊の構成は艦上戦闘機（艦戦）隊、艦上攻撃機（艦攻）隊、艦上爆撃機（艦爆）隊とも1個中隊（9機。3機から成る小隊が3個）とされ、合計27機であった。ただしこれは翔鶴型空母に代表される**艦隊空母**（正規空母）における一例で、甲板が小さい中型空母や軽空母等では隊数が減らされる。なおアメリカ海軍では2機を1分隊（**エシュロン**）とし、2個分隊で1小隊（**フライト**、イギリスでは**フィンガー・フォー**と呼んだ）とした。通常は3〜4個小隊で1個飛行中隊（**スコードロン**）が構成されるが、常に定数通りに運用されるとは限らなかった。

　攻撃隊は、甲板員により所定の発艦待機位置に運ばれ、エンジンを始動。パイロットが搭乗したのち発艦開始の合図を待つ。この並び方にも決まりがあり、機体の総重量が軽い順に並ぶ。日本海軍の翔鶴型空母を例にすると、最前列に位置する艦戦隊の先頭機は、飛行甲板先端から約140メートルの位置に待機する。艦戦が発艦に必要とする滑走距離は約100メートルで、これが攻撃隊の中で最も短い滑走距離ということになる。次いで艦爆が飛行甲板先端から約170メートル（先頭機）の位置に、艦攻が約200メートル（先頭機）の位置に待機する（中型以下の空母では若干短くなる）。

　攻撃機が最後尾なのは兵装の中で最も重量が大きな航空魚雷を搭載する機種だからで、陸用爆弾を搭載する場合でもこの序列は守られた。ただし攻撃隊の編成は空母の大きさや運用する機種、戦況等で変わるため、これはあくまで一例である。例えば艦隊空母が2隻の場合と1隻が軽空母だった場合とでは必然的に航空機運用能力に差がある。

　また、艦隊空母が同時発進させることが可能なのは、どの国でも概ね30機前後で、搭載機数の半分かそれ以下だった。また大戦後期には艦上機それ自体の大型化等で搭載機数自体が減少することもあった。

空母『飛龍』の発艦待機位置の一例

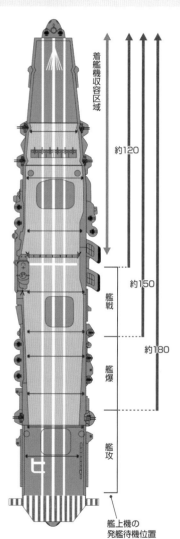

着艦機収容区域

約120

約150

約180

艦戦

艦爆

艦攻

ヒ

艦上機の
発艦待機位置

図は空母『飛龍』の飛行甲板上の待機位置。『飛龍』は中型の艦隊空母で、飛行甲板は約217メートルと他の大型艦隊空母より短かったため、部隊数（甲板上に並べる機数）を少なめに構成するなどして滑走距離を稼いだ。

↑ 各機種の先頭機の
待機位置（単位メートル）

エセックス級の甲板上に整列した艦上機。手前の2列は、左にF6F艦戦、右にアヴェンジャー艦攻が並ぶ。後方の列にはアヴェンジャー（左の2列）とヘルダイヴァー艦爆（右3列）が見える。米英軍の場合、必ずしも部隊単位で順番に並ぶわけではなかった。

第二次大戦⑤発艦

発艦のための機能とは？
合成風力とカタパルト

攻撃隊の発艦待機が完了した空母は、風上に向かって増速する。これは艦上機の発艦を助けるため、自然風と空母が前進することで発生する風力を合わせた「**合成風力**」を利用するためだ。

発艦に必要な速度が時速150キロの機体を発艦させる場合、機自体が出すことのできる**最大滑走速度**が時速100キロであれば、合成風力であと時速50キロ分を加えなければならない。静止状態で機に正対する自然風の風速が時速10キロだったとすれば、空母は風上に時速40キロで前進することで十分な合成風力を得ることができるという計算になる。日本海軍では、大戦初期〜中期頃の機種構成で秒速12〜15メートル（速度換算で時速約45〜55キロ）あれば発艦可能だった。空母は合成風力がこの範囲に収まるように速度を調整した。

しかし、兵装重量が大きい艦上攻撃機などでは合成風力があっても発艦に支障をきたす場合もあり、また護衛空母や軽空母等の飛行甲板が短い空母の場合は、発艦に必要な滑走速度が不足する可能性が高かった。こうした問題を解消したのがカタパルトである。

アメリカ海軍は第二次大戦前から発艦を補助する装備としてカタパルトの必要性を意識しており、油圧式カタパルトを開発して戦前竣工の空母に搭載した（**H-1型カタパルト**）。その機構は、艦隊空母の決定版といわれるエセックス級に搭載された**H-4-1型**を例にすると次のようになる。まず機体に設置されたフックとカタパルトの**シャトル**を**ブライドル**と呼ばれるワイヤーで連結する。シャトルは油圧シリンダーと滑車を介してワイヤーで結ばれており、シリンダーの動作でワイヤーが引っ張られると連結されたシャトルごと機体が前進する。このH-4-1型は重量12.6トンの機体を時速144キロで射出する能力があり、最短60秒間隔で連続射出が可能だった。ただし第二次大戦では、滑走距離や滑走速度を補う必要がある場合の補助的使用が主であった。

All about aircraft carrier

日本海軍の『赤城』から飛び立った九九式艦爆の後部席から撮影した発艦直後の状態。艦橋（アイランド）の後方に2機の九九式艦爆が待機しているが、右の機は機首が向かってやや左を向いており、これから発艦位置に就くところのようだ。

合成風力の概念図

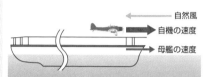

自然風
自機の速度
母艦の速度

空母の甲板上では滑走距離が短いこともあって離陸に十分な速度と揚力が得られない。そこで空母は風上に向かって速度を上げることで強い向かい風（自然風力と自艦の速度の相乗効果）を発生させ、艦上機の滑走速度と揚力を補う。カタパルト装備艦でも艦隊空母はこの「合成風力を利用して発艦」することを基本とした。

アメリカ海軍のカタパルト射出手順の概略

図はアメリカ海軍のマニュアルより抜粋したカタパルト発進手順の概略。❶❷艦上機主翼下部のフックとシャトルをブライドルで接続する。❸発艦はSCO（シグナル・コントロール・オフィサー＝信号指示士官）が管制。各甲板員からの作業状況を把握してカタパルト・オペレーターに指示を出す。❹発艦士官は、SCOの確認作業中に、カタパルトと機体をチェック。異常がなければパイロットに最終確認を促す。❺全ての確認で異常がなければ、発艦士官がパイロットに射出を伝える。❻発艦士官の合図を受けてSCOが射出を指示。❼SCOの指示でカタパルト・オペレーターが射出操作を行う。

攻撃隊は母艦近くで集合！艦上機の役割分担とは？

　攻撃隊は、発艦すると**空中集合**を行う。最初に発艦した戦闘機中隊は、最後に発艦する攻撃機中隊が所定の位置にやってくるまで旋回を行いつつ待機する。こうして空中集合した攻撃隊は、高度が高い順に戦闘機隊、艦上爆撃機（艦爆）隊、艦上攻撃機（艦攻）隊の順で編隊を組み、敵艦隊に向けて進撃するのである。護衛を担う戦闘機隊は、対艦攻撃を行う他の編隊よりも上空・前方に位置し、迎撃してくるであろう敵戦闘機に備える。

　一方空母は、敵の攻撃を回避する行動をとる。艦隊の進路や攻撃隊の発艦の有無といった敵側の状況にもよるが、自艦隊と敵艦隊の進路が向かい合っていたり交差する可能性がある場合は、進路変更を行って距離をあける。自軍の索敵機の発艦前等に敵索敵機に発見されたような場合は、進路（艦隊の未来位置）を隠匿するために一時的に一定時間、進路変更（韜晦行動）をとることもある。このような進路変更は、潜水艦に接触された際にも行われる。

　洋上では、地上と異なり身を隠す場所などないわけだが、唯一利用可能なのが雲であった。雲量（空に浮かぶ雲の量）が多い場合は、雲の下に入ることで索敵機の接近を妨げたり、攻撃を回避することが期待できた。特に雨雲は第二次大戦の航空機が苦手とする悪天候を伴う場合があるため、より隠蔽効果が高いといえる。**南太平洋海戦**の日本軍などのように、実際に雨雲とスコールの中に突入することで攻撃回避に成功した例もある。

　また防空（艦隊直掩）のために戦闘機を発艦させることも艦隊における空母の重要な役割であった。敵の索敵機に対しては、夜明け直後の黎明時からでも接近の可能性があるため、自軍索敵機の発艦に続き必要に応じて**直掩機**の発艦が行われる。この直掩機は長時間にわたって艦隊上空を哨戒するが、当然パイロットは疲労するため、適宜交替が行われる。直援機は、敵の攻撃隊が来襲しないことが確認されるまで、艦隊上空（周辺）を哨戒する。

空中集合のプロセスの一例

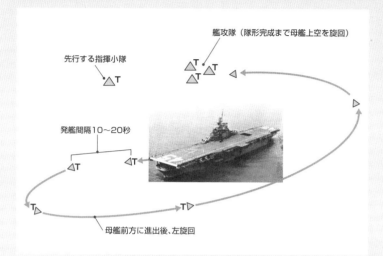

艦攻隊（隊形完成まで母艦上空を旋回）

先行する指揮小隊

△T

△T △T
△T ◁

▷

発艦間隔10〜20秒

◁T ◁T ◁

T▷ ▷
T◁

母艦前方に進出後、左旋回

図は発艦した艦上機の空中集合までの動き。艦攻隊の様子を示している。艦攻隊は最後の発艦なので、この図の時点ではすでに艦戦隊、艦爆隊が空中集合を終えている状況だ。基本的に、各隊がすべて集合してから敵艦隊に向かうが、戦況によっては機種が限られる場合（艦戦隊、艦攻隊のみ等）や、一部部隊のみ先行、あるいは編隊構成の定数に満たないまま進撃することもある。

母艦『エンタープライズ』上空で編隊を組むVS-6（第6偵察爆撃飛行隊）所属のSBDドーントレス艦爆の編隊。日米開戦前の1941年の訓練中の写真だが、母艦を眼下に望みつつ空中集合した編隊の様子がわかる。

第二次大戦⑦攻撃隊

敵艦への攻撃は
どのような手順で行われる？

　第二次大戦では、対艦攻撃で敵艦撃沈が最も期待できるのは雷撃であった。次いで急降下爆撃、そして水平爆撃の順である。この雷撃重視の傾向は特に日本海軍において顕著で、兵装の開発も航空魚雷に比べて爆弾の開発は軽視されていたほどだ。驚くべきことに、日本海軍が爆弾を国産に切り替えたのは1930年代も数年を過ぎたあたりだった。しかし、雷撃に多くの期待を寄せていたのは日本に限らなかった。

　空母を発進した攻撃隊は編隊を組み、およそ3000〜5000メートルの高度で飛行する。敵艦隊の位置は索敵機からの情報により判明しているが、実戦では敵艦隊の回避行動や現場の天候の変化等により発見が遅れる場合もあり得る。そのため、たとえば雲量が多く敵艦隊の捜索が困難な場合は、危険を冒して一部の機を雲の下まで降下させたり、雲の切れ目を探して予想地点の上空で旋回を続けることもあった。その間に敵戦闘機の攻撃を受けると攻撃の失敗や、攻撃隊が甚大な被害を受ける危険も格段に増加する。日本海軍の場合は、アメリカ海軍がレーダーを使用した早期警戒・防空システムを構築して以降は、攻撃以前に敵艦隊へ接近すること自体が困難になった。

　敵艦隊に接近すると指揮官（飛行隊長）の命令により編隊ごとの**攻撃隊形**をとる。急降下爆撃を行う艦上爆撃機（艦爆）隊は、約3000メートルを基準として目標を目指す。また艦上攻撃機（艦攻）隊は徐々に高度を下げて、魚雷投下に適した50〜200メートルを目指して降下を開始する。これら対艦攻撃を担う各飛行隊は、必ずしも全機が一丸となって目標に向かうわけではなく、攻撃の効果を上げるために複数方向に分かれることも多い。また艦爆隊と艦攻隊がタイミングを合わせる**雷爆同時攻撃**を行うため、異なる機種の飛行隊が協調する場合もあった。戦闘機隊は、迎撃してくる敵戦闘機の排除を行うが、敵機の撃墜よりも攻撃隊に近づけさせないことを主たる目的として戦闘を行う。

All about aircraft carrier

攻撃隊の目標接近高度と対空射撃範囲

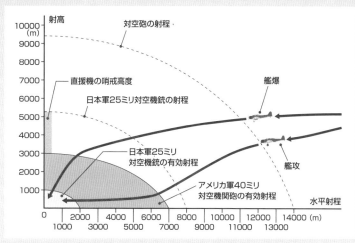

図は機種別の進入から攻撃開始までの高度の変化。対空砲は日米とも12.7センチ（5インチ）クラスの砲を使用していたが、最大射程で射撃することはほとんどなく、その半分程度が有効射程とされていた。時限信管使用の射撃では対空砲の効果は低かったが、VT信管を使用した場合は劇的に効果が向上している。

日本海軍の小隊～中隊編成

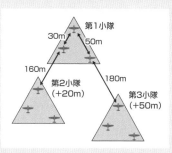

図は日本海軍の攻撃機の3個小隊（1個中隊）の編成。各小隊の高度は、第1小隊に対して第2小隊が20メートル、第3小隊は50メートル上空に位置する。

日本海軍の中隊間の距離

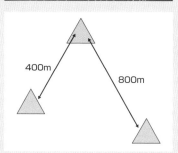

図は日本海軍の中隊間の距離。攻撃隊形では、艦攻は小隊単位（1～3個）で雷撃高度へと降下を始める。また艦爆は小隊単位（1～複数）で1列縦隊となり、爆撃開始高度へと向かう。

第二次大戦⑧雷撃

目標の動きに呼応する技術
対空砲火の中で行う魚雷攻撃！

　雷撃は、泊地攻撃のような停泊中の艦船を狙う場合を除いては、移動する艦艇を狙って行うものだ。そのため、航行する敵艦の未来位置と魚雷のコースが交わるように行うことが基本となる。また、魚雷の弾頭部に装着された信管は接触角度が浅いと作動しない可能性があるため、どんな角度で魚雷を放っても撃沈できるわけではない。船体に対し極力90度に近い角度で当てるのが理想だが、敵艦隊もその状況を避けようとするので、各国は目標の機動に対応する雷撃法を考案していた。

　日本海軍の雷撃要領では、機種により詳細は若干異なるが。艦上攻撃機は、まず目標の約3000〜3500メートル手前で降下を開始し、高度50〜200メートルの範囲で魚雷を投下する（50メートル以下の場合もある）。この時の機速は260〜370キロ／時の範囲で、魚雷の水面への入射角は20度を最良とし、15〜35度の範囲が許容範囲だった。九七式艦攻を対象に定められた「**第一射法**」では、投下時の機速は296キロ／時、水平飛行で高度200メートルだった。魚雷投下の目安となる目標との距離は、目標の速度や魚雷の速度設定によっても異なるが、目標が21ノット（約38.9キロ／時）で直進し、**雷速**がその倍の42ノット（約77.8キロ／時）の設定と仮定すると、およそ1000メートル程度であった。

　攻撃機の飛行コースは、目標が舵を切れば微調整を余儀なくされる。攻撃機が目標の右舷から雷撃を試みる場合、前述の敵速21ノットの場合で、標的の現在位置と自機を結ぶ線に対して約30度右に角度をとって、直進する目標の未来位置を狙うことになる。目標が面舵（右旋回）、または取舵（左旋回）をとって変針すれば、角度は30度より浅くなる。また通常、敵艦は攻撃機が射点につく以前に回避行動に入っており、攻撃機のパイロットは対空射撃を受けつつ、進入コースを調整する必要があった。回避行動に対しては、攻撃側は小隊単位に分かれ、複数方向から進入することで舷側を捉える可能性を高める。

艦上攻撃機による雷撃の一例

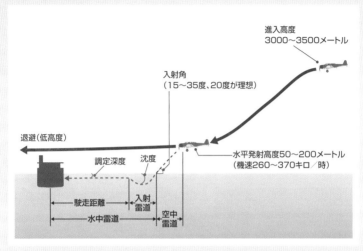

進入高度
3000〜3500メートル

入射角
(15〜35度、20度が理想)

退避(低高度)

水平発射高度50〜200メートル
(機速260〜370キロ／時)

調定深度　沈度

駆走距離　入射
雷道

水中雷道　空中
雷道

図は雷撃の基本的な機動を横から見たもの。雷撃を行う機は機体を海面に対して水平に保ち、15〜35度の角度で水面に突入するように魚雷を投下する。投下された魚雷は水中で一度沈下するが、その後は事前に設定した深度まで浮きあがって駆走(しそう。走行の意)する。

敵艦の回避行動への対応の一例

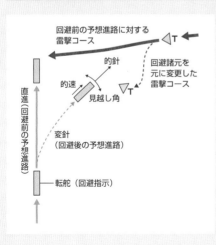

回避前の予想進路に対する
雷撃コース

T

的針

回避諸元を
元に変更した
雷撃コース

T

的速

見越し角

直進(回避前の予想進路)

変針
(回避後の予想進路)

転舵(回避指示)

的確な雷撃を行うためには、回避行動をとる目標に追従し、射点を維持することが必要となる。そこで、目標の的速(移動速度)、的針(進路)、見越し角(回避角度)という3要素を読み取り、機をコントロールする。

第二次大戦⑨対艦爆撃

水平爆撃と急降下爆撃 爆撃法の違いとは？

　対艦爆撃には、艦上攻撃機（艦攻）による**水平爆撃**と艦上爆撃機（艦爆）による**急降下爆撃**があった。

　水平爆撃は、基本的に中隊（日本海軍の場合9機）以上の編隊を組んで行い、単機で行うことはほとんどなかった。編隊の隊形は構成機数によって若干異なるが、目標の未来位置を含む一定の範囲に爆弾を投下する。大型魚一匹に投網を打つイメージ、といえばわかりやすいかもしれない。この爆撃法は**公算爆撃**とも呼ばれ、移動目標に対して命中確率が低い水平爆撃の精度を補うため、爆撃時にはある程度のまとまった機数を必要とした。一方で水平爆撃は、近距離で威力を発揮する**艦載対空機関砲**の有効射程外（日本海軍の25ミリ砲、アメリカ海軍の20ミリ砲で約1000メートル以上、アメリカ海軍の40ミリ砲で約3000メートル以上）から実施できるという利点もあった。

　急降下爆撃は、目標に対して急降下し、水平爆撃よりも低い高度で爆弾を投下する。水平爆撃とは異なり、攻撃開始時の隊形は水平爆撃のような広い編隊ではなく、一列の**単縦陣**を組んで各機が順次降下した。日本海軍の爆撃要領では、約3000メートルの高度で目標上空に接近し、攻撃隊長の「突撃隊形作れ」の合図で小隊（3機）または中隊単位で単縦陣を形成。目標に対して約50〜60度の角度で急降下し、高度500メートル（250キロ爆弾使用時）で投弾することとなっていた。艦爆のパイロットは爆弾投下と同時に機を引き起し、低高度で離脱する。

　急降下爆撃は水平爆撃に比べて命中精度が高く、移動目標に対する追従性にも優れていることから水平爆撃よりも有効とされた。一方で、500メートルという投弾高度は対空機関砲の猛烈な弾幕に晒される高度でもあった。また急降下時には機体に大きな負荷がかかり、水平飛行では支障の出ないような被弾が墜落に結びつくこともあった。

All about aircraft carrier

艦上爆撃機による急降下爆撃の一例

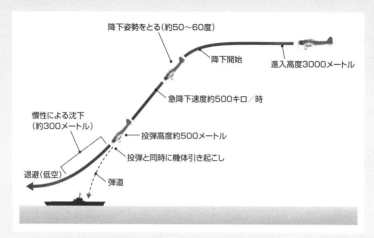

降下姿勢をとる（約50～60度）

降下開始

進入高度3000メートル

急降下速度約500キロ／時

慣性による沈下
（約300メートル）

投弾高度約500メートル

投弾と同時に機体引き起こし

退避（低空）

弾道

図は急降下爆撃要領の一例。日本海軍の要領では、進入高度は標準で3000メートルとされていたが、敵直援機との接触を避けるため哨戒高度より高い6000メートル以上から進入することもあった。また投弾高度も、250キロ爆弾使用時の約500メートルに対し、500キロ爆弾ではやや高めで行われる。

水平爆撃（公算爆撃）の概念図

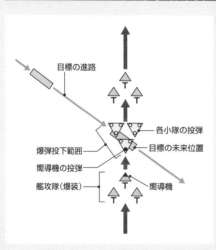

目標の進路

各小隊の投弾

爆弾投下範囲

目標の未来位置

嚮導機の投弾

艦攻隊（爆装）

嚮導機

図は水平爆撃の要領を示す。水平爆撃では、嚮導機を先頭に編隊を組み、嚮導機の投弾後に嚮導機の小隊、続いて後続の各小隊が投弾する。投弾パターンは、編隊の各機の位置を裏返したようになる。

第二次大戦⑩空母の回避行動

狙われた空母はどう動く？
爆弾・魚雷を避ける機動

　敵攻撃隊の来襲に対し、空母は**直掩戦闘機**と対空射撃による敵機の排除に加え、被弾の確率を可能な限り小さくするべく回避行動をとる。左右への旋回を繰り返すことによって敵に良好な射点を与えないようにするのである。また旋回により艦が傾斜するため、回避行動中は航空機の着発艦は困難になる。

　魚雷攻撃を受けた場合、最も被雷の確率が高まるのは進入してくる敵機の正面に**投影面積**を広く（舷側を広く）晒した時だ。そこで投影面積を狭くするため、敵の飛行コースに対して艦首または艦尾を向けるように変針を行う。投影面積を小さくすることにはもう一つ、魚雷の信管の不発を期待できるという可能性も期待できた。信管を確実に動作させるためには直角に近い角度で舷側に当たることが理想だが、この角度が極端に浅いと魚雷自体が接触しても信管が接触しなかったり、不発になる可能性があった。ただし、艦隊空母のような排水量が2〜3万トンクラスの空母は、舵を切ってもそれが利いて**変針**が始まるまでにはタイムラグがあるため、艦長は敵機の動きを読み、タイムラグを見越して変針（操舵）命令を下す必要があった。艦隊の防空能力が日米共に大差がなかった大戦前半は、艦長の判断を含む人的な操艦能力の良否が被弾を避ける大きな要素の一つだった。

　爆撃に対しても回避行動は有効だった。だがもともと精度が低い水平爆撃と比べ、急降下爆撃の回避は空母にとって非常に困難なものだった。爆撃方法自体が移動目標に対する追従性に優れ、単縦陣で順次攻撃をかけるため一機が失敗しても後続機がフォローしやすかったからだ。雷撃と急降下爆撃のどちらかしか回避できない状況では、急降下爆撃による被弾は不可避なこととして、致命傷になりかねない魚雷の回避を優先するという選択も必要であった。実戦でも、飛行甲板への数発の被弾で沈没に至った例はミッドウェー海戦を除けば少なく、被雷により沈没や行動不能に陥った例が多かった。

回避行動の基本概念

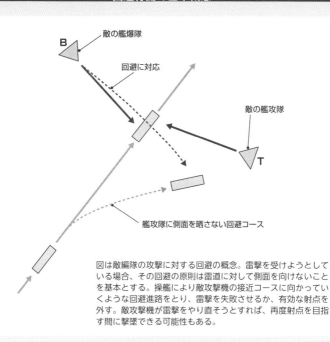

B 敵の艦爆隊

回避に対応

敵の艦攻隊

T

艦攻隊に側面を晒さない回避コース

図は敵編隊の攻撃に対する回避の概念。雷撃を受けようとしている場合、その回避の原則は雷道に対して側面を向けないことを基本とする。操艦により敵攻撃機の接近コースに向かっていくような回避進路をとり、雷撃を失敗させるか、有効な射点を外す。敵攻撃機が雷撃をやり直そうとすれば、再度射点を目指す間に撃墜できる可能性もある。

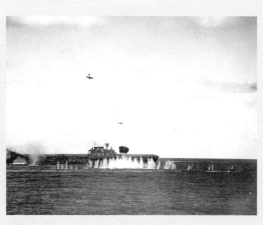

1942年の南太平洋海戦で、日本海軍航空隊の攻撃を受ける『ホーネット』。この時の日本海軍は艦爆隊と艦攻隊による波状攻撃をかけた。写真は雷爆同時攻撃を受けつつある『ホーネット』で、上空に雷撃後の日本軍艦攻と降下する艦爆が見える。このような同時攻撃を受けた場合、いかに巧妙な操艦を行っても完全な回避は難しい。

第二次大戦⑪火災・浸水対策

艦を沈めないために
火災・浸水対策のノウハウ

軍艦が戦闘不能や沈没に至る最大の原因は、火災および浸水である。

軍艦はただでさえ弾薬や燃料といった可燃物・爆発物の塊だが、空母の場合はそれらに加えて**航空機用燃料**や航空兵装を大量に積んでいるため、火災の拡大によりこれらに引火すると爆沈に至る可能性が高まる。実戦でも、日本海軍の装甲空母『大鳳』が被雷の衝撃で**航空燃料タンク**から燃料が漏出し、引火・沈没に至っている。また火災の拡大は消火作業に多くの人員を割かれる上、火傷や有毒ガスの発生で人員が殺傷されれば艦自体は沈没を免れても空母としての機能は大きく低下してしまう。このような火災への対策が最も進んでいたのはアメリカ海軍で、例えば「艦内装備や塗装、電気配線、配管に難燃性の素材を使用して延焼を防ぐ」「消火栓、電動ポンプに加え、電路切断時も使用可能な消火器の大量配備」「**ダメージコントロール(ダメコン)**専門チームの編成」等によって被害拡大を効率的に防いだ。日本海軍は、こうした対策は終始後手であった。

被弾等により火災が発生すると、消火活動要員やダメコン要員に命令が下され、同時に救急要員にも被害現場への派遣が命じられる。必要なら弾薬庫への注水、航空燃料の投棄などの誘爆防止対策が採られる。これらの被害を極限するための行動は、日本やイギリスでもほぼ同様に行われた。

浸水に対しては、通常の軍艦と同様の対策が採られた。被雷により喫水線下に破口が生じる、または被弾や**至近弾**により同様の破口が生じて浸水した場合は、艦は速度を落とすか停止して浸水対策を行う。破口の程度にもよるが、航行を続けると水の抵抗力により破口が押し広げられて浸水被害が拡大する可能性があり、また激しい浸水により破口の補修作業にも支障が生じるためだ。破口部分の補修や補強には角材などの木製部材が用いられるほか、金属部材を溶接するなどして破口を塞ぐ。ただ完全な修理はドックでなければ困難(特に被雷)であり、航行を再開できたとしてもほとんど全速発揮はできなかった。

飛行甲板からの放水

被弾し、大きな破口が開いた飛行甲板。消火作業要員が破口から直下の格納庫に向けて放水を行っている。可燃物の塊である破損した航空機は、いつ爆発炎上するかわからないため、直接格納庫に行くよりも、こうした破口からの放水がしばしば行われる。

破壊された甲板の補修

飛行甲板が破壊されると艦上機の運用が困難になり、空母の戦闘艦としての機能は大きく低下する。そこで行われるのが飛行甲板の補修である。被弾箇所にもよるが、写真では主に木材を用いて応急的に穴を塞いでいる。

▲ミッドウェー海戦で日本軍艦爆の攻撃を受けて黒煙を噴き上げる空母『ヨークタウン』。本艦は最終的に潜水艦により撃沈されるが、再三の航空攻撃で大損害を受けながら、その都度応急修理に成功して戦闘を継続している。

▼ミッドウェー海戦で『ヨークタウン』と刺し違えた『飛龍』。アメリカ軍艦爆により飛行甲板前部に集中的に被弾しており、攻撃隊の発艦は不可能となった。このように被弾部位によっては一瞬で機能も戦闘力も喪失してしまう。

空母を襲う機能喪失 被弾と傾斜の影響とは？

　空母の軍艦としての価値は航空機の運用能力にあり、運用能力喪失は空母にとって深刻な被害といえる。特に飛行甲板・格納庫・エレベーターへの直接的な被害、そして浸水による傾斜は運用機能を大きく左右した。

　飛行甲板の表面の材質は他の水上戦闘艦の多くと同様に木製（装甲空母は主に鋼板）であり、**木製甲板**は爆撃により破壊・貫通される可能性が高かった。飛行甲板に爆撃を受けた場合の被害は、飛行甲板自体の破壊に加え、爆弾が飛行甲板を貫通して直下の格納庫と甲板を同時に破壊するケースもあり、甲板または格納庫に燃料や兵装を搭載した航空機がある場合は、これらの炎上・爆発により被害がいっそう拡大する。特に**燃料火災**は消火が困難であり、爆弾や魚雷の誘爆に至っては運用機能以前に艦を失う可能性にも直結する。このような場合は、消火活動に加え格納した機体の投棄が重要となる（ただし戦闘中はかなり困難な作業であった）。

　一方、魚雷によって喫水線下に損害を受けた場合は、機能回復は非常に難しくなるケースが多い。というのも、喫水線下では水圧という負荷がかかるため、飛行甲板等に比べると航行しながらの**応急修理**が難しいからだ。しかも浸水により艦が傾斜すると、たとえ飛行甲板が無傷でも航空機の運用が困難、場合によっては不可能になるばかりか、片舷に浸水が集中すると横転・転覆の可能性が出てくる。こうなると空母としてはもとより、軍艦としても危機的状況である。また格納庫内に航空機（健全なもの、破損機も含め）があった場合、これらの機体が傾斜により片舷に固まってしまい、投棄が困難になったり消火活動の妨げになる場合もある。また艦の傾斜は角度によっては人員の移動や作業にも支障をきたす。そこで、浸水量にもよるが健全な側に**応急注水**し、浸水側とのバランスをとる方法も時として取られる。しかし、これは浸水量の増大による**浮力低下**を招く、危険も大きい方法だった。

浸水による機能喪失の例

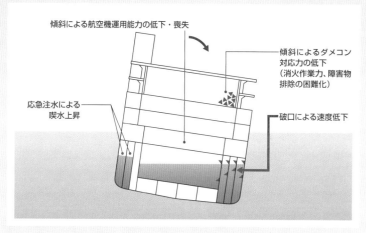

傾斜による航空機運用能力の低下・喪失

傾斜によるダメコン
対応力の低下
(消火作業力、障害物
排除の困難化)

応急注水による
喫水上昇

破口による速度低下

魚雷(あるいは機雷、至近着弾の砲弾・爆弾)による喫水線下の被害は、それが浸水へと至ると大きな負荷として襲い掛かってくる。浸水を止められたとしても傾斜が回復しなければ空母としての機能は失われたも同然で航行もままならなくなるため、空母部隊の指揮官は爆弾よりも魚雷のほうを怖がったといわれる。

日本海軍機の徹甲爆弾で大破した『エセックス』級空母『フランクリン』。喫水線下は無事だったが、兵装を搭載した艦上機の誘爆で被害が拡大し、艦を救うために行われた放水・注水があまりに大量だったため浸水と同じ状態になった。艦尾から沈み込んだ艦は大きく傾斜し、もちろん着発艦は不可能となった。

第二次大戦⑬対空兵装

WWⅡ末期で完成の域に！アメリカの対空射撃システム

　第二次大戦で主要空母運用国が使用した代表的な**対空砲**は、中～大口径機関砲と主に12.7センチクラスの**高角砲**および**両用砲**であった。

　口径でいえば日本海軍は25ミリ、アメリカとイギリスは40ミリを主に用いた。日本海軍が大戦全期間で使用した**九六式25ミリ機銃**は、**最大射高**5000メートル（有効約3000メートル）で中・低空域をカバーする。**単装～三連装**で運用したが、**固定照準器**による**各個射撃**が基本だったため、命中精度が射手の技量に左右される点は否めなかった。一方アメリカ海軍が運用した**ボフォース40ミリ機関砲**は、連装2基（計4門）で運用され非常に大きな威力を発揮している。最大射高約7200メートル（有効約4000メートル）、口径が40ミリと弾丸威力が大きいことに加え、優秀な**射撃管制装置**と組み合わせたことなど、運用面でも日本をリードしていた。またイギリス海軍は口径40ミリの**QF2ポンド砲**を4または8連装で使用したが、機械的信頼性が低かったため大戦中期までにはほとんどがボフォース40ミリ機関砲にとって替えられた。

　高角砲は、各国とも12.7センチクラスが主力だったが、その性能差は大きかった。日本海軍では最大射高約8100メートルの**八九式12.7センチ（40口径）連装高角砲**を使用したが、これに代わる新型火砲は空母用としては開発されなかった。アメリカ海軍の主力対空砲は**38口径5インチ（12.7センチ）両用砲**で、別名「**5 inch 38**」とも呼ばれるこの砲の最大射高は1万メートルを超え、多くの戦闘艦に装備し、特にエセックス級では射撃管制装置と連動させた。

　なおほとんどの空母では、これら対空砲を**スポンソン**と呼ばれるせり出し砲架に装備した。このスポンソンは、位置（高低）によっては装備する火砲の旋回範囲が飛行甲板等により限られるという問題があった。なお、アメリカ海軍のエセックス級では、甲板上の艦橋の前後に各2基の砲塔式5インチ連装両用砲を背負い式に装備しており、非常に広い射界を得ていた。

All about aircraft carrier

エセックス級のレーダー配置と射撃指揮装置

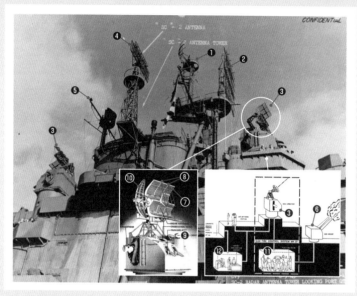

❶艦上機誘導用YEホーミング・ビーコン・アンテナ、❷高角測定用SMレーダー、❸Mk.37射撃指揮装置(Mk.12レーダー装備)、❹バックアップ用SC-4レーダー、❺SK-2対空捜索レーダー(1944年以降搭載)、❻5インチ連装両用砲、❼Mk.12レーダー、❽IFFアンテナ、❾ターレット、❿Mk.22広角測定アンテナ、⓫データ評定、⓬目標識別

写真はエセックス級の各種レーダーとMk.37射撃指揮装置の位置を示す。射撃指揮装置は対空捜索、方位測定、IFF(敵味方識別)等の機能が一体化しており、左下の図のように複数のレーダーが組み合わされている。捜索で得られた情報は、右下の図のように別室で標定や敵味方識別による目標の選別が行われ、CIC(戦闘情報指揮所)での指示や両用砲の射撃諸元として利用される。

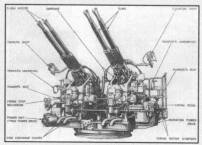

アメリカ海軍水上戦闘艦の定番装備ともいえるボフォース40ミリ機関砲。図はエセックス級等のスポンソンに搭載された連装2組が1セットになった運用例。この威力の高い機関砲は、射撃管制装置による弾幕射撃のほか、単独射撃も可能だった。

大きく広がった
日米の対空防御思想の差

　空母には多くの火器が搭載されているが、他の水上戦闘艦と大きく異なるのは、ほとんどが対空用（改造空母等一部に例外はある）であるという点だ。

　大戦で使用された空母の主な対空兵装は、5000メートル以上の高度用の**高角砲**（高射砲）および対空・対水上の**両用砲**（主にアメリカとイギリスが運用）、500〜5000メートルの中〜低高度用の**高射機関砲**（日本海軍では**高角機銃**と呼ぶ）、至近距離用の機関銃の3種であった。

　高角砲および両用砲に関しては、各国とも1基単位ではなく、数基を一単位として**統制射撃**（**管制射撃**）を行うのが一般的だった。接近する敵機または敵編隊を発見したら、**測距儀**等の**光学測定儀**でその距離や角度を測定し、得られた

レーダーを利用した対空戦闘

❶高角測定レーダーの測定範囲（高度幅約3000メートル）、❷対空捜索レーダーの捜索距離（艦からの水平距離・高度は測定不能）、❸スラント・レンジ（艦から対象物までの測定距離）、❹対空捜索レーダーの空中探知距離（約180キロ）、❺対空射撃指揮レーダーの探知高度（約7700メートル）、❻敵編隊の距離のみを探知、❼水平距離・高度は不明だが、接近は継続して把握、❽対空射撃指揮レーダーで距離・方位・高度・速度を測定、❾測定データを元にVT信管付き5インチ砲弾で射撃

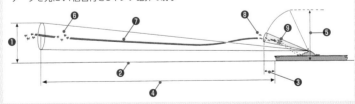

図はエセックス級空母のレーダーを使用した索敵・防空戦闘の概念図。遠距離の捜索は、距離情報のみだが、目標が対空砲の射撃エリア内に接近するに従い、高度や速度に対する分解能の高い対空射撃指揮レーダーによる評定が可能になる。

データを**射撃統制(管制)装置**で数値化して**射撃諸元**として各砲に伝達。測距儀または統制装置が指向する一つの目標に対して統制下の全砲が射撃を行う。なお、高角砲や両用砲は一定の距離(飛翔時間)で信管が作動して砲弾を炸裂させる**時限式信管**を使用しており、砲弾自体の命中ではなく**弾幕**の形成によって敵機を撃墜する。アメリカでは、敵機に接近すると磁気感知して作動する**VT信管(近接作動信管)**を大戦中期より使用し、弾幕の効果を大きく向上させている。

これら高角砲による弾幕を突破した敵機に対しては、高射機関砲が射撃を行う。これに関しても積極的に統制(管制)射撃を行ったのはアメリカで、日本は射撃統制装置の性能不足から各機銃が**固定照準器**を用いて個別に目標を狙う**個別射撃**を行った。アメリカは大戦中期以降、近接用の機関銃と機関砲を除く全対空火器について捜索・測定(照準)にレーダーを導入し、射撃管制装置と連動させて非常に精度の高い射撃を実施した。

こうした効率的な管制射撃をもってしても空母単独で相手にできる航空機(編隊)の数は限られており、複数方向からの攻撃には対処しきれない場合もあった。

射撃指揮装置とVT信管付き砲弾による対空射撃の概念図

ビームスキャン

射撃指揮装置

敵機　ドーナツ状放射

両用砲

VT信管

射撃指揮装置で計測された目標の測定値は計算機に送られて射撃諸元データとされ、5インチ両用砲へと伝えられる。各砲は、そのデータに基づきVT信管付き砲弾で弾幕射撃を実施する。VT信管はドーナツ状に電波を放射し、敵機の金属部分に電波が接することで感知し、起爆する。

第二次大戦⑮艦隊防空

「カミカゼ」を完封した
アメリカのレーダー・ピケット

空母が他の大型水上戦闘艦と比較して脆弱な艦種であることは、その誕生後間もなくから認識されていた。しかし、空母の戦闘力の根幹である航空機が、同時に空母にとって最大の脅威であり、対空戦闘能力、ひいては防空システムの構築が空母の生残性を高める不可欠な要素と明確に認識されたのは1930年代に入ってからで、それに最も熱心だったのはアメリカ海軍だった。

アメリカ海軍は、大戦前から対日戦を想定する中で研究していた「**輪形陣**」を空母部隊の**防御陣形**として改良した。輪形陣のメリットは**防空火網**を厚く構築でき、哨戒の死角もできにくい点にある。いわゆる**艦隊決戦**的な砲戦には向かないが、現実にはそのような大規模艦隊戦は**レイテ沖海戦**の一部の戦いを除いては発生しなかった。この輪形陣は、のちに日本やイギリスでも導入される。

アメリカ海軍は、大戦半ばには艦載レーダーとリンクして索敵・防空エリアを形成する独自の**艦隊防空システム**を構築し、さらに本隊より前進してレーダーによる**ピケット・ライン**（前進警戒線）を形成する**レーダー・ピケット艦**を導入して強固な警戒・迎撃システムを完成させた。輪形陣は、空母の周囲に戦艦等の大小艦艇を円形に配置するもので、構成する艦艇数にもよるが、従来の直線的な艦艇配置に比べ効果的な対空戦闘が可能だった。

大戦後期のレーダー・ピケットを組み合わせた輪形陣の仕組みは次のようになる。まずピケット・ラインに敵編隊が進入すると、ピケット艦がその探知情報を本隊に送る。本隊旗艦の**CIC（戦闘情報指揮所）**では、この情報を解析し、本隊前方で**CAP（戦闘空中哨戒）**任務に就いている戦闘機隊に迎撃を命じ、同時に第二波（必要ならさらに数波）の戦闘機隊を発進・迎撃させる。

戦闘機の迎撃を突破した敵機に対しては輪形陣の大小軍艦が管制射撃（弾幕形成）し、輪形陣の内側に入った敵には空母の防御射撃も加わり、間断ない射撃を行うのである。

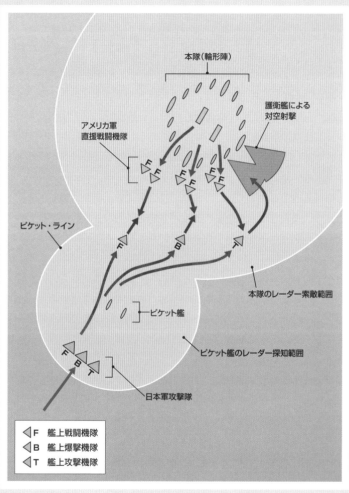

アメリカ海軍の艦隊防空システム概念図

本隊(輪形陣)

護衛艦による
対空射撃

アメリカ軍
直援戦闘機隊

F F F F F F

ピケット・ライン

F B T

本隊のレーダー索敵範囲

ピケット艦

ピケット艦のレーダー探知範囲

日本軍攻撃隊

F B T

◁ F 艦上戦闘機隊
◁ B 艦上爆撃機隊
◁ T 艦上攻撃機隊

日本海軍の攻撃隊に対し、アメリカ海軍は日本艦隊の伏在予想海域方向に対してピケット艦を前進させてピケット・ラインを構成する。日本軍機がピケット・ラインに進入するとそのデータは本隊へと送られる。この時点で本隊は直掩戦闘機隊に迎撃態勢をとらせ、必要なら追加の戦闘機も発進させる。まず戦闘機の迎撃が行われ、それを突破されても輪形陣の護衛艦艇による管制射撃が浴びせられ、日本軍攻撃隊は空母に到達する以前に壊滅を余儀なくされる。

第二次大戦⑯艦上機の艦隊直掩

より早く発見し先制する
戦闘機の空中哨戒と直掩任務

艦上機による哨戒・防空任務は、日本では**直掩**、アメリカでは**CAP（戦闘空中哨戒）**と呼ばれ、艦上戦闘機（艦戦）が役目を担った。アメリカ海軍がSBDドーントレス艦上爆撃機を防空に用いた例もあるが、これは戦闘機不足を補う窮余の策だった。第二次大戦後も専用の艦上哨戒機や早期警戒機が登場するまでは、空中哨戒任務に戦闘機が使われている。

直掩機が発進するタイミングは作戦の状況等にもよるが、艦隊が会敵予想海面に入っている場合は、索敵機の飛来が予想される最も早い時間帯である黎明時に発進する必要がある。もし索敵機を発見したなら母艦にその旨を連絡し、撃墜する。哨戒任務は分隊または小隊単位で行い、敵艦隊が存在すると予想される方向を中心に複数隊が広い範囲をカバーする。一度に多くの戦闘機を発進させると、パイロットの休養や燃料補給のための帰還と交替機の発艦とで混乱が生じる可能性があるため、交替は最低限必要な機数（2〜3小隊）でローテーションを組んで行い、常に艦隊上空に直掩機が滞空するようにした。直掩機の待機高度はおおむね3000〜5000メートルで、敵攻撃隊の接近に対しては、護衛の艦戦よりも艦上攻撃機（艦攻）、艦上爆撃機（艦爆）の撃墜を優先する。各国とも高角砲および両用砲の有効射程は5000〜1万メートルの範囲内であるため、直掩機はこのような対空射撃エリアに応じてその範囲外で迎撃を行った。

しかし、敵攻撃隊の発見が遅れ、高角砲の射撃エリアの内側での対応を余儀なくされると、迎撃は非常に困難なものになる。例えば艦攻と艦爆の突入高度は2千数百メートルの開きがあり、その双方を迎撃するには直掩機を二手に分けるか、いずれかの迎撃を優先する判断を迫られる。実戦では、**ミッドウェー海戦**で日本軍機が攻撃機迎撃のため低空に降り、上空の艦爆に対応できなかった例がある一方で、**珊瑚海海戦**では逆に、上空のアメリカ軍艦爆を迎撃した後に遅れて低空から飛来した艦攻を発見し、迎撃に成功している。

アメリカ海軍の任務部隊のCAP（戦闘空中哨戒）

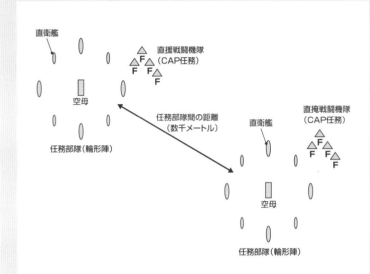

図はアメリカ海軍の任務部隊（空母機動部隊）を例にした直掩の概念図。各任務部隊の所属航空隊の戦闘機は、小隊単位で任務部隊周辺の哨戒空域を3000〜5000メートルの高度で旋回・飛行する。2つの任務部隊が行動している場合、部隊間の距離は数千メートルあるが、敵の攻撃隊が一方の任務部隊に集中するような場合は、他方の任務部隊の直掩機（CAP任務）が救援に向かう場合もあった。なお、大戦前半の日本海軍は空母を集中運用しており、直援機のローテーションを空母単位で行う場合もあった。

写真は朝鮮戦争時のエセックス級空母とCAPのF4Uコルセア艦上戦闘機。戦闘中の状況ではないが、このように空母の周辺空域を飛行し、母艦からのレーダー探知情報を元に迎撃を行った。

第二次大戦⑰日本海軍独自の空母運用

数的不利を覆す日本海軍の戦術 突撃隊形とアウトレンジ攻撃

日本海軍は、1942年の**ミッドウェー海戦**で、それまで空母戦力の中核となっていた艦隊空母4隻を一挙に喪失したため、新造や改造による戦力回復に加え、艦隊の再編と新たな運用法を模索することになった。

最優先で行われたのは艦隊再編で、ミッドウェー海戦不参加だった翔鶴型2隻を中心に第三艦隊を編成した。従来の空母2隻を基幹とする航空艦隊編成では、空母部隊に直接随伴するのは水雷戦隊の軽巡洋艦と駆逐艦程度であり、あくまでも警戒対象は水上艦が主だった。空母部隊独立で空母航空戦を戦うには防空力が低かったのである。防空能力が高い戦艦や重巡洋艦は別編成となっており、作戦ごとに適宜組み合わされていたのだ。しかしミッドウェー海戦等の運用経験から、防空能力が高い新たな編成が必要とされた（アイデア自体は戦前からあった）。そこで第三艦隊の編成にあたっては日本海軍として初めて、強力な対空火力を持った大型艦艇を含めた編成とした。この編成はさらに発展して日本海軍独自の**接敵隊形**の創出へと結びつく。これは会敵が予想される海面で艦隊を戦艦・重巡洋艦を中心とする前進部隊と空母部隊である主隊に二分し、横一線隊形の前進部隊の前方に索敵機の**哨戒圏**を形成。敵艦隊と接触すると主隊は攻撃隊を発進させ、同時に前進部隊は**集合隊形**に移行して敵に突撃するというものだ。航空攻撃で損傷した敵艦にとどめを刺せる利点もある。

加えて日本海軍は敵艦上機の攻撃可能圏外から一方的に攻撃をかける「**アウトレンジ戦法**」にも大きな期待をかけた。日本海軍が運用した艦上機はアメリカ海軍の艦上機と比べて総じて航続距離（攻撃可能距離）が長く、この利点を最大限生かそうと考えたのである。ハードの優位点を戦術的優勢に結びつけるという意味で健全な発想ではあったが、アメリカ海軍の防空システムの飛躍的な発展は、その優位を打ち消した。接敵隊形も航空攻撃の成功が前提であり、航空攻撃が封じられては有効性を戦果に結びつけることは難しかった。

接敵隊形における前進部隊の役割

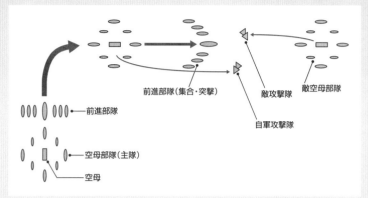

前進部隊・空母部隊 (主隊) は、前進部隊の前方に艦上偵察機 (または索敵機) を発進させて索敵を行う (図では省略)。索敵機が敵と接触すると、艦隊は敵部隊に向かうが、前進部隊は横隊から突撃隊形に移行し、主隊では攻撃隊の発進が行われる (アウトレンジで発進)。一方、敵空母部隊 (アメリカ軍任務部隊) からも攻撃隊が発進するが、ここで前進部隊に矛先が向けば主隊に向かう戦力を軽減できるし、もし全ての敵機が主隊に向かっても、前進部隊は自軍攻撃隊により消耗した敵艦隊を容易に攻撃できる。

アウトレンジ戦法の概念図

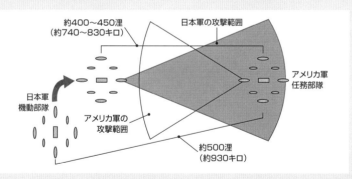

アウトレンジ戦法は、自軍航空機の航続力の優位を生かして一方的に航空攻撃をかけるという発想から生まれた。これに接敵隊形の戦艦・巡洋艦からなる水上打撃部隊を組み合わせ、大きな打撃力を発揮させようという攻撃偏重の作戦である。大戦後期になると日本海軍艦上機は、艦戦の零戦を除き機種改変が進んで高性能化していたが、敵の防空システムの進化 (とその威力) を正確に把握・評価しないままに戦法が実行されたため、航空機の損失のみが増える結果となった。

第二次大戦⑱艦上機の帰還システム

どうやって母艦に戻る？
洋上航法と帰還誘導

　第二次大戦の空母航空戦では、攻撃隊が洋上を正確に飛行することが不可欠であった。陸上とは異なり、洋上には目印が乏しいため正確な飛行は難しい。そのため各国の海軍航空部隊では、パイロット教育で習得する無視界計器飛行のほかに、「天測」を用いて自機の位置を確認し、飛行する**洋上航法＝天測航法**を習得させた。この航法は天体観測により自機の位置を確認するもので、まず自機の飛行姿勢を水平に保ち、目視可能な天体と水平線の位置関係を元に**六分儀**を用いて角度算出を行い位置と飛行方向（方位）を確定する。ただし器具と図板を使用するため単座機のパイロットが操縦しながら行うことは難しく、攻撃隊の編成内では主に攻撃機（雷撃機）に搭乗する航法士が行った。

　航法と共に重要だったのが、電波による誘導である。母艦から誘導ビーコンを放ち、艦上機に搭載した受信・方向探知機で、その電波強度を利用して方向を探知する。日本海軍では、艦上機だけでなく陸上機（長距離洋上作戦を行うため、不可欠だった）の多くにも**クルシー式帰投方位測定機**と呼ばれる方向探知機を搭載して帰還の手助けとした。

　イギリス、アメリカでは、フライトシミュレーターとプラネタリウムの機能を組み合わせた**天測航法訓練装置(Link Celestial Navigation Trainer)**を開発したが、天測訓練だけでなく、地上から発する各種の航空機誘導電波による訓練も可能で、航法教育の効率化に大きく寄与した。

　大戦後、帰還誘導はビーコンの使用に加え、レーダーと無線による位置情報の取得を基本として進化し、現在では航法用衛星を利用して測位情報を取得する**全地球測位システム(GPS)航法装置**の導入等、新しい技術の導入が進んでいる。自機の測位から位置情報の算出まで、コンピュータによる自動化が進んでいるため、単座機でも位置測定は容易である。もっとも、パイロットの教育期間においては、天測航法の習得が課題となっているのは現在でも変わらない。

大戦前にアメリカでパイロット教育に使用していた無視界・計器飛行訓練機材。操縦席に黒いカバーをかけて視界を塞ぐようになっている。

天測航法訓練に用いられる大型機用シミュレーターの一つ。手前の女性が観測機材を手に自機の位置を読み取っている。1944年に撮影された陸軍の爆撃機用のものだが、海軍でもほぼ同様の機材が用いられている。

方向探知装置（方位測定器）による誘導の概念図

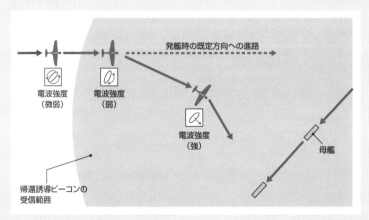

発艦時の既定方向への進路

電波強度
（微弱）

電波強度
（弱）

電波強度
（強）

母艦

帰還誘導ビーコンの
受信範囲

方向探知装置は全周（360度）回転可能な受信用ループ・アンテナを装備し、電波強度の強弱によって電波発信源（つまり母艦）の方向を知る。受信可能域ギリギリでは方位探知は難しいが、探知域内では次第に強度の高い方向を絞り込むことができる。これにより、発艦時の位置から大きく外れて移動中の母艦の方向も探知できる。

世界に先んじていた日本海軍の着艦システム

　航空機の運用で最も航空機損失の可能性が高いのは戦闘時だが、これに次いで損失が多かったのが着艦時の事故だった。常に滑走路が固定されている陸上基地とは異なり、着艦時の空母は航行しているうえ気象状態の影響も大きく、飛行甲板後部の限られた範囲で着艦を完了しなければならないこともあって、難易度は陸上基地とは比べ物にならない。

　母艦へと帰りついた攻撃隊は、母艦周辺を編隊単位（損耗が大きい場合は単機～少数機）で旋回しながら着艦順を待つ。発艦時とは異なり、機種ごとの順は厳守されず、帰還した順や残燃料が少ない機が優先された。

　着艦順が来た機は、空母の後方から接近し、着艦態勢に入る。**失速域**手前の速度（**着艦速度**）を維持しつつ、主翼の**フラップ**（揚力を得るための補助翼）を大きく開いて空気抵抗を大きくとる。この際に問題になるのは、飛行甲板に対する機の高度と中心軸に対する機の角度で、これが一定の範囲に収まっていることが重要だった。そこで各国は、艦上からパイロットに対し、進入高度や機の向きを合図した。

　イギリスでは、特に着艦指示専門の要員を配していなかったが、アメリカでは、**LSO（Landing Signal Officer＝着艦誘導士官）**を配置して誘導を行った。LSOは降下コースの指示だけでなく、エンジンカットのタイミングなど、様々な着艦作業の指示を担当していた。日本海軍では専門の誘導士官は配していかなかったが、これに代わる機械式の方法で効率的な着艦誘導を行っていた。これは**着艦誘導灯**と呼ばれるシステムで、飛行甲板両舷後部に長さの異なる赤・青各1本の**照門灯・照星灯**を配置し、その位置関係をパイロットが目視して2灯の見え方で自機の位置を把握する。原理自体はフランスの開発だが、日本海軍は改良を加えて自軍空母に広く使用した。この方式は戦後、アメリカとイギリスの空母にも採用され、改良されて現在も使われ続けている。

エセックス級空母『ハンコック』に着艦を試みるF6F艦上戦闘機。脚を出し、降着態勢に入るところで、ここからLSO（着艦誘導士官）の出すサインを目視しながら機位を調整する。

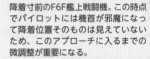

降着寸前のF6F艦上戦闘機。この時点でパイロットには機首が邪魔になって降着位置そのものは見えていないため、このアプローチに入るまでの微調整が重要になる。

着艦誘導灯と進入角度の関係

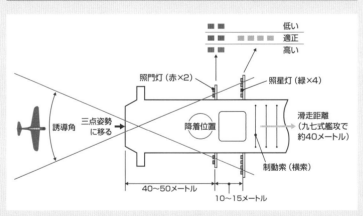

日本海軍の着艦誘導灯は、赤と緑のランプの位置関係により、母艦の飛行甲板に対する自機の進入角度と進路を把握するものである。左右の赤灯と緑灯が同様に見えていればコースは適正で、ずれていれば左右いずれかに外れている。また赤灯と緑灯が直線上に並んでいれば進入角は適正だが、ずれていれば上下いずれかに外れていることが確認できる。着艦時は機首が邪魔で前方視界が限られる艦上機パイロットにとって、左右の視界で確実に機位が確認できるのは画期的であった。

立体的な電子捜索の網！
イージス艦と早期警戒機

現代の空母部隊では、**イージス艦**と**早期警戒機**が艦隊防空の要の役割を果たしている。イージス艦は、空母の周辺に展開してレーダー索敵エリアを形成し、早期警戒機は艦隊より遠方に進出してイージス艦に先んじて索敵を行い、情報を収集する。イージス艦が装備する**フェイズド・アレイ・レーダー**は目標を三次元解析し、精度の高いデータを得ることができ、これに探知距離が長い（その分、精度は三次元レーダーに及ばない）二次元レーダーを組み合わせて索敵（および目標の評定・射撃やミサイルの管制）を行っている。しかし、これらのレーダー波は直進しかできないため、例えば水平線の向こう側のようなレーダー波が届かない海面や空中の捜索には、高高度を飛行できる早期警戒機が欠かせない。

一般的に、空母グループの水上戦闘艦の搭載する**艦対空ミサイル**で防空可能なエリアを**外周防空圏**（艦載ミサイル防空エリア）と呼び、艦載レーダーによる索敵エリアはその内側に形成される。一方、早期警戒機は外周防空圏外（またはさらに遠方）に進出、一定のパターン（細長い楕円等）で旋回しつつ機上索敵レーダーにより捜索する。また外周防空圏外縁部には**CAP（戦闘空中哨戒）**任務の艦上戦闘機隊が滞空し、敵機の接近に備える。この場合、CAPは早期警戒機の護衛役でもあるので、早期警戒機だけが突出することはなく、CAPの支援が可能な程度の距離に保たれる。

早期警戒機が空中目標（航空機や対艦ミサイル）を捉えると、そのデータは母艦へと伝達され、CAPへと迎撃命令が下される。また水上の目標（敵の水上戦闘艦等）の場合は、母艦より**空対艦ミサイル**搭載の攻撃機（現在のアメリカ海軍では、マルチ・ロール機の**F/A-18**がCAPともども担当）を発進させて、早期警戒機からの索敵データにより攻撃を行う。

なお、早期警戒機は艦載タイプだけでなく陸上機タイプもあるため、作戦海域によっては空母部隊が陸上機の早期警戒機と協力して作戦を行う場合もある。

早期警戒機による艦隊防空概念図

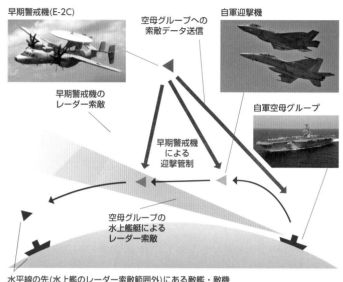

早期警戒機(E-2C)

空母グループへの
索敵データ送信

自軍迎撃機

早期警戒機の
レーダー索敵

自軍空母グループ

早期警戒機
による
迎撃管制

空母グループの
水上艦艇による
レーダー索敵

水平線の先(水上艦のレーダー索敵範囲外)にある敵艦・敵機

図は早期警戒機の搭載レーダーによる索敵と迎撃管制の概念を示す。早期警戒機は高度を取ってレーダー索敵を行うことで、水平線等の障害により水上艦搭載レーダーで探知できない敵を自軍水上戦闘艦より先行して捉えることができる。早期警戒機が索敵の基点となり、グループ(艦隊)内の全艦艇で索敵データを共有、迎撃に利用することができる。

母艦に着艦する早期警戒機E-2C。この段階で、すでに交替のE-2Cが発艦している。現代のスーパー・キャリアには基本的に4機が搭載されており、作戦海面およびその周辺では最低1機が常時滞空するようなシフトが採られる。

兵装の管理と保管 大型空母の格納庫とは?

現代の艦上機は、非常に多くの兵装を搭載する。その選択肢は、対空ミサイル、対艦ミサイル、ロケット弾、爆弾といった攻撃兵装だけでも30以上あり、いざ発艦準備ともなると、これらの兵装を「発艦する艦上機とその任務」に合わせて武器庫から引っ張り出し、**ドリー**(兵装運搬用の台車、これも対艦ミサイル用や爆弾用など数種類ある)に載せ、**兵装用エレベーター**(ニミッツ級で9基装備)で飛行甲板や**ハンガー・デッキ**(格納庫)まで上げる。これらの作業は**武器要員**が担当し、複数に区画割りされた武器庫で兵装の選択や組み立て、運搬、そして艦上機への兵装搭載など、一連の作業を分担して行っている。

このようにプロセスだけを概略すると大戦中の空母と変わらないように思えるが、現代の兵装は電子機器パートや推進部(ロケット・モーター)といった、まったく性質の異なる複数のパートから構成されているため、その保管も非常に複雑になっている。第二次大戦時と比べ種類が大幅に増加した爆弾は、本体と信管が別々に保管され、艦上機の**兵装パイロン**に搭載される際に信管の装着が行われる。誘導機能が付いた爆弾はさらに複雑で、本体に目標評定・誘導を担う電装パートを取り付け、安定翼(飛翔コントロール)を装着するのである。これでやっと誘導爆弾らしい形状になるのだ。なお、武器庫から艦上機への搭載までには複雑な作業プロセスが必要であり、武器クルーの責任は大きい。兵装がいかに進歩しようとも、人の能力は空母の能力発揮にとって欠かせない要素なのだ。

武器庫は、防火・耐衝撃性の高い隔壁で区切られ、万が一爆発事故が起きても被害が広がらない構造になっている。特に核兵器の保管庫には放射能対策が徹底されている。さらに現代空母では、積み込む兵装の種類や数量の変化、また機種の更新に対応するため、兵装ごとに保管スペースの**モジュール化**が進められており、弾薬庫間のモジュール単位の兵装入れ替えが可能となっている。

艦内における武器要員の作業の一例

写真は、スーパー・キャリアの艦内における武器要員の作業の様子。武器の選別、組み立て等の作業を担当する要員は、赤の上着を着用している。武器庫から運び出される際は、写真のような各種のドリー(運搬具)が使われる。

爆弾をドリーに乗せて艦内の搬送通路を移動する運搬担当クルー。

上の写真は、艦内のハンガー(格納庫)に設けられた兵装ベイ(開口部。扉を開けたところ)。兵装の搭載は主に飛行甲板上で行われるが、チャフや対潜哨戒任務の機体が装備する対潜魚雷などのように、機内の専用ランチャーに装備する兵装は、機種にもよるが機体がハンガーにあるうちに搭載されるものもある。

飛行甲板への武器搬出の様子

武器庫から搬出される際に搭載する機体ごとに分けられ、整然と並べられた多数の爆弾が右舷前部エレベーターで飛行甲板に上げられるところ。甲板上では武器要員の手で指定された各機体に搭載される。

甲板のスペースを有効利用
各種航空機はどこに配置する?

　第二次大戦の空母の飛行甲板上では、発艦する艦上機は機体の重い順に機種ごとに整列した。しかし、戦後のジェット化対応により**カタパルト**発進が基本となったことや**アングルド・デッキ**により飛行甲板自体の形状や運用効率が大きく変化したことにより、待機する艦上機の配置も変わった。

　ニミッツ級を例にすると、現代空母の飛行甲板には、メイン・デッキに2本、アングルド・デッキに2本の計4本のカタパルトがある。各デッキには、それぞれ**駐機エリア**があり、それぞれ個別に名前が付けられている。個別名があるのは、発進待機位置の指示等、飛行甲板上の交通整理を行う**フライト・デッキ・コントローラー(飛行甲板管制所)**からの指示に必要だからだ。

　アングルド・デッキ用の駐機エリアが飛行甲板後部に集中しているのに対し、**メイン・デッキ**ではほぼ艦橋前方の右舷側にまとまっている。日本に寄港する空母がメイン・デッキのカタパルト上まで艦上機を並べているケースがあるが、これはあくまで式典等のイベントやデモンストレーション用で、実際の運用では発艦時にカタパルト上に艦上機を置きっぱなしにすることは、未処理の事故機や発艦やり直し、故障というアクシデントを除いてはない。

　メイン・デッキでは、右舷前からエレベーター1、エレベーター2の順に並んだ艦上機用エレベーターを使って艦上機を上げ、順次、カタパルト手前の発艦待機位置に移動して兵装搭載等を完了させる。発艦は左右のカタパルトを交互に使用して行うため、通常、2機の艦上機が同じタイミングで発艦準備を行うことはない。アングルド・デッキでは、右舷のエレベーター3と左舷のエレベーター4が使用され、メイン・デッキと同様にカタパルトを交互に使用して発艦させることが可能だ。ただ、アングルド・デッキは着艦にも使用されるため、通常は、一度に多くの艦上機を発艦させる必要がある場合を除いてはメイン・デッキと役割分担することが多い。

主要な駐機エリアと名称

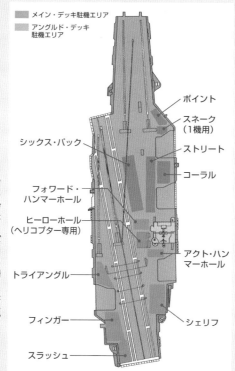

■ メイン・デッキ駐機エリア
■ アングルド・デッキ
　駐機エリア

ポイント

スネーク
（1機用）

シックス・パック

ストリート

コーラル

フォワード・
ハンマーホール

ヒーローホール
（ヘリコプター専用）

アクト・ハン
マーホール

トライアングル

フィンガー

シェリフ

スラッシュ

図は飛行甲板上の駐機ポイント・駐機エリアの名称。図は『エンタープライズ』だが、クラスによって用いられていない名称や、今後完成する新型空母では新たな名称が追加されることもある。各名称には由来があり、例えば右舷エレベーター間の「コーラル」は、エレベーターが両方とも下りてしまうと駐機エリアが珊瑚礁のようにポツンと孤立したイメージになるから。また、中央部のシックス・パックは、缶飲料6本を3×2で束ねたキャリー・パック（六つ割れした腹筋の意味もある）が由来。図でもわかるように、エレベーターやカタパルト・レーン、発艦待機エリアを避けるように設定されている。

艦上機を駐機エリアに並べた『ニミッツ』。飛行甲板の縁にびっしりと機体を並べる様子は現代空母の特徴の一つといえる。これをきちんと管制するフライト・デッキ・コントローラーは、さしずめパズル名人といったところかもしれない。

現代④発艦（1）

スーパー・キャリアでの
カタパルト発艦の手順

現代空母でも、艦上機の発艦には細かなプロセスがある。

エレベーターで飛行甲板に上げられた艦上機は、**駐機エリア**で兵装を搭載し、続いてブリーフィングを終えたパイロットや、複座機の場合はペアの要員（**通信要撃担当要員**等）が乗り込む。パイロットは機体各部の必要項目（機器の不備、不具合）を確認し、それが終わるとチェック・リストに準じて計器の確認を行い、通信要撃担当要員は航法コンピューターのチェックや、各種担当機材にデータ入力を行う。単座機では、一連の航法機材や通信機器の確認やデータ入力も基本的にパイロットが行う。ここまでで異常がなければ、甲板上の**誘導員**にエンジン始動に問題ない旨の合図を送る。これを受けて誘導員が始動ＯＫの合図をしたら、ここで初めてエンジン始動の運びとなるのだ。

カタパルト発進は、まず駐機エリアからカタパルト発進位置へと移動し、カタパルトと機体をブライドル等の発進用の器具で連結。その間に**安全確認要員**が機体をチェックしてカタパルト発進に支障がないか否かの最終確認を行う。**兵装要員**は搭載兵装をチェックし、安全装置（ミサイル・爆弾の安全ピン等）を解除して兵装を使用可能にする。必ず、各専門要員の目で確認を行うのである。

準備が完了すると、**カタパルト士官**が**カタパルト要員**にカタパルトの状態（蒸気圧等）を確認。問題がなければ、ジェット後流から後方にある機体、機材、人員を保護するための**ジェット・ブラスト・デフレクター**を立てる。カタパルト士官は、エンジン・フルパワーの合図を出し、これを受けたパイロットはスロットルを開いて**アフター・バーナー**に点火。これで発進――とは行かず、パイロットはここでも操舵を行って機体の操縦系を最終チェックする。そして、全てが完了すると、パイロットからの合図を受けたカタパルト士官が発進ポーズをとり、これを合図にカタパルト要員が**射出制御パネル**の射出ボタンを押す。同時に、艦上機は前方に加速され、一気に滑走を終えるのである。

ニミッツ級空母のカタパルト配置と艦上機のポジション

発艦誘導員

カタパルト射出位置につく
F-14トムキャット

カタパルト要員

カタパルトトレーン

ニミッツ級空母『エイブラハム・リンカーン』の飛行甲板における航空機発艦ポジションの例。写真左はドック入りの状況で、カタパルトトレーンのパーツの一部が外され、整備中である。

図はカタパルト発艦時の艦上の様子。エレベーターによりハンガー・デッキから艦上機が上げられ、カタパルトの付近では安全確認や機器のチェックが進み、順次射出作業が行われる一方で、空いたカタパルトへと次の順番を待つ機が移動する。複数の作業がよどみなく行われる。

原子力空母『エンタープライズ』の艦橋に設けられた航空管制室。多くのスーパー・キャリアでは、航空管制室は飛行甲板側にやや張り出す形で設けられている。

メイン・デッキの2本のカタパルトの中央に位置するカタパルト・ステーション。隠顕式の小さな施設で、主に悪天候時や緊急時に使われる。事故機などが乗っても耐えられる強度があるという。

固定翼機とは異なる STOVL機の発艦手順

　現代の軽空母は、短距離・垂直離着陸能力を持つ*STOVL機とヘリコプター
を運用する、小型の空母である。また垂直離着陸能力は持たないが、短距離の
滑走で発艦可能な艦上機も登場しており、例えばロシアの『アドミラル・クズネ
ツォフ』（軽空母ではなく**重航空巡洋艦**という特殊な艦種だが、機能的には軽空
母）は蒸気カタパルトを装備しておらず、搭載する艦上戦闘機**スホーイSu33**
は短距離滑走で発艦する。では、STOVL機の発艦は、スーパー・キャリアのよ
うな蒸気カタパルトを使用した発艦とどのように異なるのだろうか。

　STOVL機の運用では、全通甲板を持つ軽空母では、基本的には短距離滑走し
て発艦する。ハリアーの場合、燃料消費が大きく、水平飛行に移行するまでの
時間が長くなる垂直離着陸よりも、短距離でも滑走して発艦する方が効率が良
い。この運用効率をさらに向上させるのが、上向きに勾配をつけた**スキー・ジ
ャンプ・デッキ（ジャンプ勾配滑走台）**である。既述の『アドミラル・クズネツ
ォフ』もスキー・ジャンプ・デッキを備え、固定翼の艦上戦闘機を発艦させる。
ただしSTOVL機を搭載する艦種であっても、強襲揚陸艦のようにフラッシュ・
デッキで運用する場合もある。

　スキー・ジャンプ・デッキを使用する場合、ハリアーを例にすると、まず兵
装を搭載後にパイロットが搭乗、続いて各種装置、装備のチェックを行ったの
ち滑走台先端部から約60メートル手前の待機位置に就く。この時点で母艦は約
42キロ／時の相対速度を発生させるべく速度を調整している。そしてハリアー
は滑走を開始し、126キロ／時まで増速、離艦する。離艦後のハリアーは、300
キロ／時以上まで増速しつつ上昇し、水平飛行に移行する。スキー・ジャンプ
・デッキは、対地戦闘用に爆弾、ロケット弾を大量に搭載し、重量増加した場
合には特に有効であり、フォークランド紛争では、軽空母『インビンシヴル』が
対地兵装を満載したハリアー、シーハリアーを効率的に運用している。

*STOVL機＝当初は垂直離着陸を意味するVTOL機と呼ばれたが、運用時に短距離離陸を用いることから
V/STOL（またはS/VTOL）機と改められ、現在は意味としては同じSTOVL機と呼ばれる。

スキー・ジャンプ・デッキの発艦プロセス

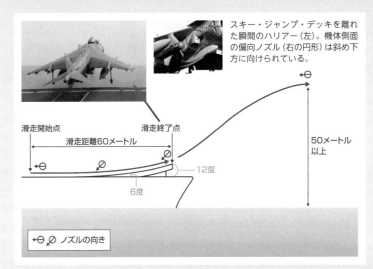

スキー・ジャンプ・デッキを離れた瞬間のハリアー（左）。機体側面の偏向ノズル（右の円形）は斜め下方に向けられている。

滑走開始点　滑走終了点

滑走距離60メートル

50メートル以上

12度

6度

←⊖ ⊘ ノズルの向き

スキー・ジャンプ・デッキを装備する空母でSTOVL機を運用する場合、離陸機はエンジンを始動し、デッキ前端部から約60メートルの位置で待機する。ハリアーの場合、機体側面に各2基ある偏向ノズルを斜め下方に向けて滑走を開始する。下方への推力を発生させることで発艦を容易にするのである。発艦後は高度をとり、偏向ノズルを水平位置にすることで水平飛行へと移行する。ハリアーの後継機といわれるF-35は、ハリアーとは異なる偏向方式だが、ほぼ同様のプロセスで発艦が可能といわれる。

（左）イギリスの『イラストリアス』に装備されたスキー・ジャンプ・デッキ。船体の左舷に張り出すような設置形態になっている。
（下）ロシア海軍の『アドミラル・クズネツォフ』のスキー・ジャンプ・デッキ。STOVL機を運用するイギリス空母のものとは異なり、短距離滑走能力を持つ通常の艦上固定翼機を運用するため、滑走距離とジャンプ勾配が長く取られている。

現代⑥艦上ヘリコプターの運用

空母部隊の攻撃力を補う
LAMPS戦術

　ヘリコプターは、対潜、輸送、空挺など、様々な用途で活躍する空母部隊に不可欠の機種である。近年、このヘリコプターを軸にした新たな運用がアメリカ海軍を中心に行われている。空母部隊の水上戦闘艦は、非常に高性能なレーダー・システムと情報処理能力を備えているが、これらの艦艇と搭載ヘリコプターとをデータリンクすることで、水上戦闘艦の探知・攻撃範囲（外周防御圏）を超えて索敵・攻撃能力を拡大することを意図した戦術の研究が進んでいる（もちろん、防御圏内においても対潜等の戦闘を行う）。

　これは**LAMPS (Light Airborne Multi Purpose System)**、または**軽空中多目的システム**と呼ばれる運用法で、使用されるヘリコプターの機種を示す名称にも使用される。現在、アメリカ海軍では多目的ヘリコプター—**UH-60**の海軍向け発展型である対潜ヘリコプター**SH-60B (LAMPS Mk.Ⅲ)** と、さらに多機能化が進み水上戦闘艦の担当エリア内での対潜任務をも包含する後継機**MH-60R (LAMPS Mk.Ⅲ Block Ⅱ)** が運用されている。

　主な任務は、対潜および対艦戦闘である。LAMPS対応の機体は捜索レーダー—**ESM (電波傍受装置)** を搭載し、攻撃兵装により目標攻撃能力も備える。対潜作戦では、ヘリコプター搭載の各種センサーにより潜水艦を捜索し、データを母艦へと送信、その解析データを元に目標への攻撃を行う。初期の機体では、例えば搭載する**ソノ・ブイ**（自ら音波を発して潜水艦を探知する**アクティブ・ソナー・ブイ**）や**磁気探知装置**から得たデータを自機で処理できなかったが、現在ではデータ処理装置を搭載して母艦とのデータリンクが途切れても自力で解析が可能（処理能力が限られるため、あくまで母艦での処理が基本）。対潜攻撃には**対潜短魚雷**を使用（1〜2発を搭載）。また対艦戦闘では小型の対艦ミサイル（通常2発、最大4発搭載可能）を搭載する。

All about aircraft carrier

Mk.46対潜短魚雷を投下するLAMPS機・SH-60Bシーホーク。パラシュート投下された魚雷は水中に突入すると航走を開始し、アクティブおよびパッシブ・ホーミング（音響探知誘導）で目標を追う。

LAMPSによる対潜戦闘の一例

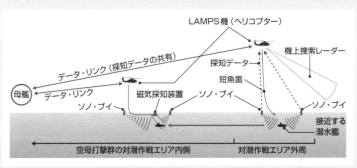

LAMPS機（ヘリコプター）

機上捜索レーダー

探知データ

データ・リンク（探知データの共有）

短魚雷

母艦

データ・リンク

ソノ・ブイ

磁気探知装置

ソノ・ブイ

ソノ・ブイ

接近する
潜水艦

空母打撃群の対潜作戦エリア内側

対潜作戦エリア外周

LAMPSはヘリコプターによる対潜、対艦作戦システムだが、ここでは対潜作戦を概説する。空母打撃群所属の対潜哨戒機が接近する潜水艦を探知すると、LAMPS機は、水上戦闘艦の対潜作戦エリアの外側に進出して、自機のソノ・ブイや磁気探知装置で捜索し、そのデータを母艦に送り解析。解析データに基づいて対潜短魚雷による攻撃を行う。敵潜水艦が水上戦闘艦の対潜エリア内に入った場合でも、LAMPS機が対応可能であれば、エリア外周部と同様の対潜戦を行う。

SH-60シリーズの発展型で、LAMPS用機材またはCV-HELO（空母打撃群対潜エリア内作戦）用機材を選択装備するMH-60R。電波兵装や攻撃兵装への対応力も向上しており、写真ではヘルファイア対戦車ミサイルをベースにしたAGM-114対艦ミサイルを運用している。

現代⑦強襲揚陸艦の運用

多数の艦種が参加し立体化
上陸戦闘・支援システム

第二次大戦時、アメリカ海軍と海兵隊は日本軍の島嶼防衛拠点に対し、水上戦闘艦と空母航空戦力を組み合わせた立体的な上陸作戦を行い、成果を上げた。戦後は、これら上陸作戦で有効性を確認した上陸作戦用の艦艇を進化させ、世界でも例を見ない強力な上陸侵攻戦力を整備する。さらに、航空機運用能力を持つ強襲揚陸艦を組みこんで**近接航空支援**を加味した新たな作戦プランに基づき部隊整備を続けている。

この新たな**上陸侵攻作戦**では、上陸地点に隣接する海域に、それぞれ担当する任務ごとに艦船を展開させ、上陸部隊と航空支援を効率的に行うことを目指している。その中核となるのは**強襲揚陸艦**で、搭載する**STOVL機**による航空支援、ヘリコプター（近い将来には**可変ローター機オスプレイ**に転換予定）による空挺上陸の基点となる。ドック型強襲揚陸艦の場合は、**LCAC（エア・クッション揚陸艇）**を使用して自ら上陸部隊や補給・支援部隊の発進も行う。

その前方には**ドック型揚陸艦**が展開して揚陸部隊の発進を行い、揚陸部隊は揚陸艦群の前方に集結して攻撃開始点まで前進。強襲揚陸艦から発艦した航空支援部隊の援護を受けつつ上陸作戦を敢行する。一連の上陸作戦には水上戦闘艦の火砲による火力支援や、空母部隊による航空支援が組み合わされることもある。

また、上陸地点の内陸部に航空基地や空港等の航空機離発着可能な施設がある場合は、**ヘリボーン（ヘリコプター空挺）**による奇襲（または強襲）占領を行って確保し、遠方の味方陸上航空基地から発進した大型輸送機による増援や補給を迎え入れたり、早期に基地機能を回復して味方航空戦力が利用可能な状態にする。敵の反撃を独力で排除する能力も備えた強力な部隊なのである。

上陸部隊の最も脆弱な時間帯は海岸着上陸時であり、強襲揚陸艦はこれに航空支援を与えることができる支援空母の機能も持つ。

アメリカ海軍・海兵隊の上陸侵攻作戦概念図

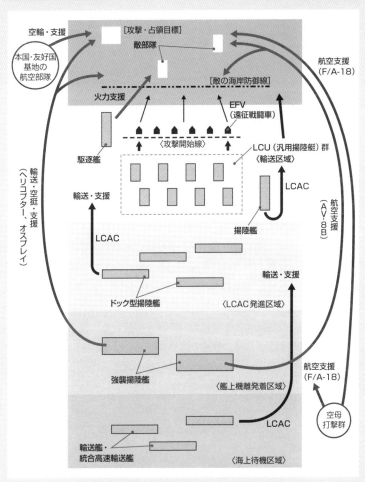

空輸・支援

[攻撃・占領目標]

敵部隊

本国・友好国
基地の
航空部隊

[敵の海岸防御線]

航空支援
(F/A-18)

火力支援

EFV
(遠征戦闘車)

〈攻撃開始線〉

LCU (汎用揚陸艇) 群
〈輸送区域〉

駆逐艦

輸送・支援

LCAC

輸送・空挺・支援
(ヘリコプター、オスプレイ)

航空支援
(AV-8B)

揚陸艦

LCAC

輸送・支援

ドック型揚陸艦

〈LCAC発進区域〉

強襲揚陸艦

〈艦上機離発着区域〉

航空支援
(F/A-18)

空母
打撃群

LCAC

輸送艦・
統合高速輸送艦

〈海上待機区域〉

図はアメリカ海軍と海兵隊が想定している上陸侵攻作戦の概念の一例を示したもの。上陸戦闘に用いられるのは汎用揚陸艇から発進したEFV (遠征戦闘車) と呼ばれる装軌式の水陸両用の軽装甲兵員輸送戦闘車で、強襲揚陸艦から発進した艦上機からの航空支援や随伴する護衛艦艇(駆逐艦)からの支援射撃のもと上陸し、海岸の防衛線を突破。内陸に進攻する。同時にヘリボーン作戦で前線後方の拠点を確保。空港等の確保に成功した場合は戦闘能力を持った航空部隊を展開させ、輸送機により兵員、物資を送り込む。この海と空の立体的な作戦により、敵は反撃能力を削がれ、アメリカ軍による橋頭保構築を許してしまう。

艦と航空機が高度に連携！アメリカ空母打撃群の戦い

現在、スーパー・キャリアに代表される大型艦隊空母を運用しているのはアメリカのみである。艦上機による打撃力は世界有数だが、艦隊を守る防空システムもまた世界を大きくリードしている。

アメリカ海軍空母打撃群の防御を担うのは艦上機と**イージス艦**だ。その防御システムは、まずイージス艦を筆頭とする水上戦闘艦による**広域防空圏**（ミサイル防空エリア）が空母を取り囲むように構築され、さらに外側には艦載ミサイルによる防空エリア圏外となる**CAP**（戦闘空中哨戒）による**外周防空圏**が設けられる。空母搭載の早期警戒機は、この外周防空圏外縁部を飛行して搭載索敵レーダーにより捜索を行う。その周辺にはCAP担当の艦上戦闘機が待機する。早期警戒機が接近する飛翔体（航空機、対艦ミサイル等）を探知すると、飛翔体に対してはCAP機が対応する。もしCAP機による防空圏を突破しても、イージス艦の広域防空圏に接触すると、艦対空ミサイルによる迎撃が行われ、空母に接近することはできない。また敵機が複数の対艦ミサイルを発射したとしても、多目標同時対応が可能なイージス艦により迎撃される。これは敵の水上艦が放つ対艦ミサイルに対しても同様に有効である。索敵データや目標に対する追尾データは艦隊内で共有され、万が一、イージス艦の防空を突破されたとしても、空母の個艦対空兵装により対応が可能となっている。都合3段の防空エリアが形成されていることになる。

水上艦艇に対しても、外周部では対艦ミサイルを搭載した戦闘攻撃機が攻撃を行い、その内側に侵入されてもイージス艦の対艦ミサイルにより迎撃が行われる。さらに現在では、艦載ヘリコプターを使用し、艦隊とのデータ・リンクによる対艦（および対潜）戦闘を行うLAMPS（184頁参照）と呼ばれる運用も整備・改良が進められており、広域防空圏に迫る敵水上戦闘艦（および潜水艦）への対応力も強化されている。

空母打撃群の対空・対艦戦闘

Ⓐ イージス巡洋艦

Ⓑ イージス駆逐艦

Ⓒ 早期警戒機

Ⓓ CAP機

Ⓔ 空母(艦隊空母)

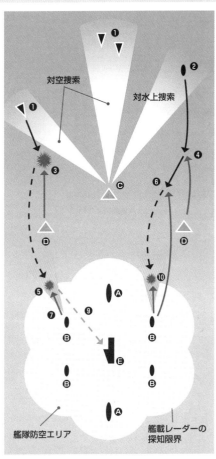

対空捜索

対水上捜索

艦隊防空エリア

艦載レーダーの
探知限界

❶対艦ミサイル搭載の敵機、❷対艦ミサイル搭載の敵艦、❸CAP機による迎撃（空対空ミサイル）、❹戦闘攻撃機の対艦ミサイルによる敵艦攻撃、❺敵機が放った対艦ミサイルを探知、❻戦闘攻撃機の迎撃を突破した敵艦が対艦ミサイル発射、❼個別に敵の対艦ミサイルを捕捉し艦対空ミサイルで撃破、❽個艦で敵の対艦ミサイルを捕捉し艦対空ミサイルで撃破、❾敵対艦ミサイルの予想進路、❿レーダー探知により艦対艦ミサイルで敵艦を攻撃

図は空母打撃群の防空（および対艦）戦闘の一例。防空エリアは、それぞれ担当する部隊（水上戦闘艦、艦上機）のレーダーによる索敵・追尾能力と対応するミサイルの射程を元に決められている。

電子の「楯」と火器の「槍」 空母打撃群を守るイージス艦

　イージス艦とは、イージス・システムを搭載した水上戦闘艦を指す。**イージス・システム**は、既述のように東西冷戦時代のソ連による「多数の対艦ミサイルによる飽和攻撃」に対抗するため開発されたもので、「多目標を同時に索敵・追尾し迎撃可能なレーダー、データ処理、兵装を組み合わせたシステム」である。

　イージス・システムの要となっているのは、フェイズド・アレイ・レーダーと**VLS (Vertical Launch System)** と呼ばれる垂直発射ミサイルランチャーで、これに情報処理システムや表示、解析システムなどの複数の艦載電子機器を組み合わせている。

　フェイズド・アレイ・レーダーは、多数のアンテナ素子を昆虫の複眼のようにびっしりと並べた平面レーダーで、素子の一つ一つがレーダーの役割を果たす。従来のレーダーが、縦方向や横方向といった限られた面の走査（二次元）や、縦横走査の組み合わせ（三次元）だったのに対し、フェイズド・アレイ・レーダーは、多数の素子をどのように組み合わせて使うかで走査パターンを変えられ、複数の目標を個別かつ同時に走査することが可能となった。最近では、アンテナ素子の中に送受信・位相器を組みこんで、素子単位で様々な異なる走査を行うアクティブ・フェイズド・アレイという技術の開発も進んでいる。

　またVLSは、セルと呼ばれる兵装コンテナを垂直に立てた発射用モジュールに収めたもので、これを複数、縦横に並列配置し、多数のミサイルの同時発射を可能とした。従来のミサイルランチャーが、ランチャーと兵装コンテナが別体であるため、再装填のために発射に間隙ができていたのに比べ、VLSは兵装コンテナがそのまま発射筒と一体であるため、再装填の必要がない。

　空母打撃群では、各イージス艦がフェイズド・アレイ・レーダーによる広域防空圏を形成し、各防空圏に隙間ができないような間隔で空母の周辺に展開し、陣形を組む（188頁参照）。

All about aircraft carrier

イージス艦による防空戦闘の一例

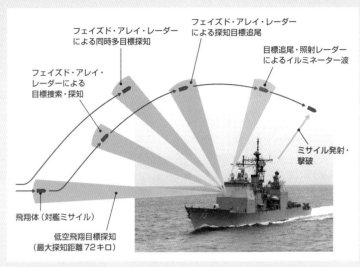

フェイズド・アレイ・レーダー
による同時多目標探知

フェイズド・アレイ・レーダー
による探知目標追尾

目標追尾・照射レーダー
によるイルミネーター波

フェイズド・アレイ・
レーダーによる
目標捜索・探知

ミサイル発射・
撃破

飛翔体（対艦ミサイル）

低空飛翔目標探知
（最大探知距離72キロ）

図は低空を接近する対艦ミサイルの迎撃プロセスの一例。フェイズド・アレイ・レーダー（写真の艦橋前面にある扁平8角形のもの）の対艦ミサイルに対する索敵可能距離はおよそ150〜200キロ（低空だともっと短くなる）で、この範囲で探知した目標に対しては追尾を続ける一方で、別の目標を捕捉した場合は同時に追尾を行う（最大18目標）。脅威の大きい目標を選別し、艦載対空ミサイル（スタンダード・ミサイル等）で迎撃を行う。

VLSから発射されるRIM-161スタンダード艦対空ミサイル。順次改良が進められており、弾道ミサイルに対応する能力も備えた。写真は弾道ミサイル迎撃専用のSM-3と呼ばれるもので、イージス艦のVLSに防空用のものとともに収められている。

侮れない火力を備える 空母の個艦防空力とは?

現代の空母部隊では、ミサイル防空能力の高い**イージス艦**が護衛艦艇として随伴するが、空母自体の個艦防空力もけして低いものではない。空母の防空能力は、艦対空ミサイルと機関砲の二本柱で、これに加えて対艦ミサイルの標定・誘導レーダーを欺瞞する**チャフ・フレア・システム**も搭載する。このうちミサイルが最大50キロ以内の遠距離を、機関砲が近接防空を担っている。

対空ミサイルとして一般的なのは、アメリカ海軍のスーパー・キャリアにも搭載されている「**シー・スパロー**」の名でも知られる**RIM-7**シリーズ(および後継の**RIM-162**)である。シー・スパローは、航空機搭載用であるスパロー空対空ミサイルの艦載バリエーションで、射程約26キロ。艦載捜索レーダーで捕捉した目標に対し、イルミネーターと呼ばれる標定照準装置(他の運用国の一部では独自のミサイル射撃指揮装置を使用)からの電波により目標を捕捉し、発射。目標からの反射波を捉えつつ飛翔するセミアクティブ・ホーミングという誘導方式を採用している。しかしシー・スパローは超低空を飛翔する対艦ミサイルへの対応が困難という欠点があるため、現在後継のRIM-162への換装が進んでいる。これはESSM(Evolved Sea Sparrow Missileの略)とも呼ばれ、射程30〜50キロ、終末誘導に本体内蔵のレーダーで目標を捉えるセミアクティブ・レーダー・ホーミングを採用。慣性航法装置とデータ・リンクにより、中間距離ではジャミング(電波妨害)に強い自律飛行も可能となっているほか、同時3目標に対処可能な能力も備える。

近接防御用の機関砲は、口径20ミリの集束銃身式の**CIWS**(**Close In Weapon System**の略)で、これは空母に限らず水上戦闘艦の近接防空用標準装備となっている。しかしCIWSは高速目標の対応力や射撃時間単位の投射弾数に限りがある等の問題から、近距離用の対空ミサイル**RIM-116RAM**(射程10キロ未満)が併載されている。

長く空母の防空用として活躍したRIM-7。近年、目標への対応力不足が指摘され、艦載用としては引退を余儀なくされている。

RIM-7シリーズとの更新が進んでいる最新のRIM-162。本体の運動性が高く、目標に対する追従性はRIM-7を上回る。

近接防空用としてスタンダードなCIWSは射程が短く、対艦ミサイル撃墜に成功しても破片による被害の可能性がある等の欠点が指摘される。しかし空母の至近での防空最終段階の「保険」として搭載が続けられるという。

空母の対空兵装の射程

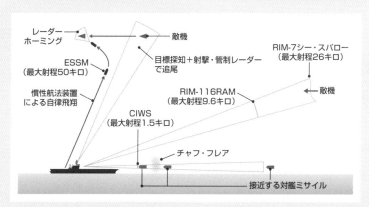

レーダーホーミング

敵機

ESSM（最大射程50キロ）

RIM-7シー・スパロー（最大射程26キロ）

目標探知＋射撃・管制レーダーで追尾

慣性航法装置による自律飛翔

RIM-116RAM（最大射程9.6キロ）

敵機

CIWS（最大射程1.5キロ）

チャフ・フレア

接近する対艦ミサイル

図は現代空母の主要な対空兵装の射程と、RIM-162 (ESSM) の目標への誘導の概略。図のような個艦防御力は、現代ではクラスや艦種に関係なく大抵の空母が備えている。加えて護衛艦艇や搭載する艦上機の防空力が加味される。アメリカの空母打撃群を例にすれば、母艦の艦上戦闘機、イージス艦の搭載ミサイル、母艦の対空ミサイルの3段構えになっており、加えて対艦ミサイルに関してもチャフ・フレアによる欺瞞、電子戦機による誘導妨害等、幅広い対処が可能だ。

母艦の周囲での段取りとは？目視による昼間の着艦方法

　現代の空母に限らないが、着艦はパイロットに大きな負荷をかける作業である。作戦行動の中では、長時間の飛行や戦闘等のストレスを受けたのちに行う作業となるだけに、発艦に比べれば失敗の確率も高くなる。また母艦へのアプローチには、天候や時間帯によりいくつかのパターンがある。大別すると、視界が確保できる状態で機械・光学式誘導システムを用いて行われる目視式と、悪天候や夜間時の視界不良時のレーダー誘導式に大別される。また母艦への**アプローチ**のパターンも数種類あるが、基本的な艦上機の機動は以下のようになる。

　まず、母艦に接近した艦上機は、一定高度を母艦の右舷上空を母艦進路と並行して飛行し、母艦を追い越す。そして母艦の前方で大きく左旋回し、今度は母艦からやや離れて逆向きに飛行し、母艦の左舷後方へと飛行。大きく左旋回して母艦の後方に出る。**アプローチ・パターン**によっては、母艦前方での旋回時に減速する場合がある。また飛行甲板後方に回る途中で高度を下げ、**着艦アプローチ**に適した高度と速度に調整が行われる。

　母艦後方に回り込んだ艦上機は、そのまま飛行甲板への進入コースをとるが、アングルド・デッキへの着艦を行う場合は、飛行甲板自体が斜めに固定されていることから、母艦が前進すれば飛行甲板も斜めのまま進むことになる。艦上機のコクピットから見ると、飛行甲板は右方向に遠ざかっていくことになる。そこで後方での旋回に際しては、高度を下げると同時に右方向への微妙な変移をも織り込んでおかなければならない。

　こうして着艦アプローチのポジションが取れれば、次いで飛行甲板への**降着アプローチ**へと移る。なお作戦中は、各アプローチでは母艦との無線交信による誘導や確認は行われない。無線交信を傍受されることにより母艦（艦隊）の位置を知られないようにするためであり、被弾や不時着の連絡以外は、基本的に艦上機と母艦の通信は封止される。

母艦への着艦プロセスの一例（目視・昼間着艦パターン）

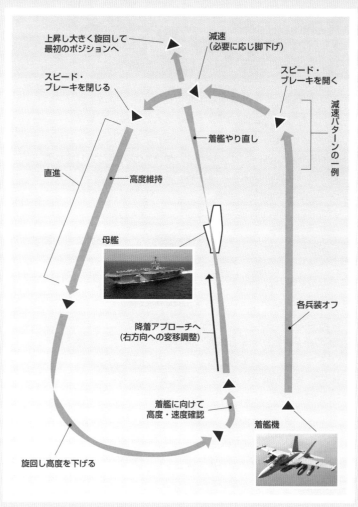

上昇し大きく旋回して
最初のポジションへ

減速
（必要に応じ脚下げ）

スピード・
ブレーキを開く

スピード・
ブレーキを閉じる

減速
パターン
の
一例

直進

着艦やり直し

高度維持

母艦

降着アプローチへ
（右方向への変移調整）

各兵装オフ

着艦に向けて
高度・速度確認

着艦機

旋回し高度を下げる

図はキャリアー・ランディング・パターンと呼ばれる昼間目視による着艦アプローチへのパターンの一つ。行われる基本的な機動は本文にもある通りだが、着艦がうまくいかず、再度アプローチをする場合は、アングルド・デッキを航過すると同時に増速・上昇して一旦母艦へのアプローチを行うコースから遠ざかり、大きく回り込んで再度接近コースに就く。

現代⑫空母の着艦装備

安全・確実な着艦のための技術
誘導システムと着艦制動

　現代空母の着艦では、日本海軍が実用化の先鞭をつけた機械式の有効性に目を付けたアメリカが、戦後に改良・進化させた機械・光学式が用いられている。ランプ（発光）の位置関係で機位を把握するという誘導の基本原理は大戦中のものと大きく変わらないが、システムとしては完成の域に達している。

　こうして飛行甲板直近まで誘導された艦上機に待っているのは、激しい衝撃を伴う降着である。艦上機は、自重に加えて降下することにより生まれる大きな運動エネルギーを持っており、空母はこの重量物を安全・確実に受け止める必要がある。初期の空母では、運用機が揚力が大きく低速の複葉機だったこともあり、特殊な緩衝機構はあまり必要とされなかった。やがてイギリスでワイヤーの張力を利用した制動機構が考案され、発展した。

　ワイヤー式降着機構の基本的な構造は、航空機が降着する飛行甲板後部（着甲板）の前方に**アレスティング・ワイヤー（制動索）**を一定の間隔を空けて横方向に複数本展張するというもので、速度を十分に落として降下してきた艦上機は、機体後方下部に装備する着艦フックを下げて着甲板部分に降着、と同時にフックをワイヤーに引っ掛ける。ワイヤーの張力とワイヤーに連結された緩衝機構により、艦上機の運動エネルギーは吸収されるのである。フックとワイヤーのコンタクト時には、機体に大きな負荷がかかるが、ワイヤーが伸びることでこれを減衰させ、機体の損壊を防ぐことができた。

　この方式は基本原理はほぼそのままに、より重量が増したジェット艦上機に対応して油圧シリンダーを用いた強力な緩衝機構を組み込む等の改良を加え、現在の空母でも広く使用されている。アメリカ海軍では、この降着機構を**アレスティング・ギア・システム**と呼び、加えて緊急時に強制的に制動させるため、強靭な合成樹脂製の網で機体をからめ捕る**ナイロン・バリケード**（大戦中のエセックス級も一時期装備した）を装備している。

アングルド・デッキに着艦アプローチする機から機械・光学式の着艦誘導灯を見たイメージ。甲板の左端（矢印）にあるのがFLOLS（フレネル・レンズ式光学着艦システム）。

FLOLSによる着艦アプローチの概略

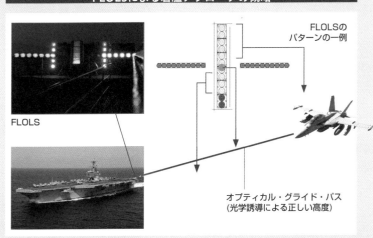

FLOLS

FLOLSの
パターンの一例

オプティカル・グライド・パス
（光学誘導による正しい高度）

図はFLOLS（フレネル・レンズ式光学着艦システム）と呼ばれる機械・光学式着艦システムの概略。空母への進入角やコースを保ちつつアプローチに入ると、パイロットからは表示部が視認でき、横位置に並んだランプと中央の5段階の反射光の位置関係で機位を把握する仕組み。FLOLSの前身は、第二次大戦後に開発された凹面鏡に複数のライトの光を反射させるミラー着艦支援システムで、ランプの見え方で機位を確認する原理は大きく変わっていない。

降着時の各部の衝撃負荷

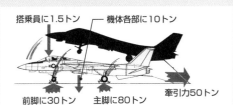

搭乗員に1.5トン　機体各部に10トン

前脚に30トン　主脚に80トン　牽引力50トン

図はF-14の降着時にかかる衝撃。脚には緩衝機構が組み込まれているが、それだけでは吸収しきれない衝撃が機体各部にもかかる。そこで衝撃に弱い電子機器は、装備部分の緩衝に加え、一定回数の着艦で交換するなどの対策をとっている。

艦上機搭乗員の救助

緊急事態！ 脱出した乗員を発見し救助するシステム

　戦闘による損傷や機体故障によって母艦への帰還が困難になった機は、不時着（着地・着水）、あるいは搭乗員の脱出を余儀なくされる。搭乗員を救助することは戦力維持の面だけでなく、モラル維持のためにも極めて重要であった。特にアメリカ海軍では、不時着機への対処は徹底していた。

　第二次大戦時、アメリカ海軍は飛行艇部隊や潜水艦部隊を搭乗員救助の任務にあたらせたほか、島嶼部の住民を教育して不時着機や搭乗員の発見・救助に充てることも行った。空母部隊所属の艦艇による直接救助は、交戦域近くでは困難が伴う。また救助任務に適した艦上機も限られていた（イギリスには艦載可能な小型飛行艇があったが、アメリカ軍の艦載水上機の多くは1～2名程度の救助能力しか持たない）ことから、不時着場所が艦隊の近くだった場合を除いては、他の部隊の手にゆだねられることが多かった。

　不時着を余儀なくされた機の搭乗員は、自機の位置を母艦へと無線連絡し、これを受けた母艦は不時着予想地点を哨戒域に収める飛行艇や潜水艦の所属部隊に対して救助を依頼する。搭乗員は一旦、救助した部隊の基地に留め置かれ、健康状態に異常がなければ航空機や船舶によって母艦の根拠地まで送られることになる。イギリス海軍でもこれに近い救助体制が採られていた。一方、日本海軍は搭乗員の救助に米英ほど十分な体制をとっておらず、搭乗員が「自爆」と称して帰還不可能となった自機を墜落させてしまう場合も少なくなかった。

　現代の空母では、その多くが**救難ヘリコプター**を搭載していることもあり、不時着機の搭乗員の救助は母艦搭載のヘリコプターが担当することが一般的だ。軍用飛行艇は機種として衰退してしまったため、現代の海軍では日本の**救難飛行艇**など一部の例外を除いては存在しない。一方で潜水艦は、現代でも救助任務を行うことがあり、本来、存在を隠蔽することが大原則の弾道ミサイル搭載潜水艦以外の艦種（哨戒潜水艦等）が救助任務にあたる。

アメリカ海軍の不時着機捜索(搭乗員救助)の概念図

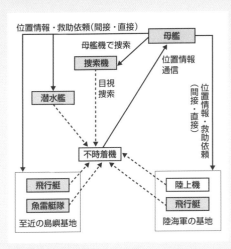

位置情報・救助依頼(間接・直接)

母艦機で捜索

母艦

捜索機

位置情報
通信

潜水艦

目視
捜索

位置情報・救助依頼(間接・直接)

不時着機

飛行艇

魚雷艇隊

至近の島嶼基地

陸上機

飛行艇

陸海軍の基地

アメリカ海軍では無線網を利用して、不時着機や脱出した搭乗員の位置情報を、当該海域・地域を哨戒する担当部隊に連絡、救助するシステムを構築していた。哨戒部隊は、担当範囲を精密に区分しており、不時着機の情報が入ると、その区域を担当する部隊の中で最も近くにいる航空機や艦船を急行させるようになっていた。

搭乗員救助に関わる主な哨戒任務部隊

飛行艇部隊は広範囲の哨戒を行うため、不時着水した搭乗員の救助に活躍した。写真は、救難・哨戒に活躍したコンソリデーテッドPBYカタリナ。

▼諸島部で哨戒・襲撃任務を担ったアメリカ海軍のPTボート(魚雷艇)は、島嶼への不時着機の捜索や近海での救助に活躍した。

▶艦船攻撃や哨戒で活躍したガトー級潜水艦。アメリカ海軍の潜水艦部隊は、搭乗員救助も任務の柱の一つとして重視していた。

洋上補給

作戦行動力を維持し拡大する 洋上補給システムとは?

　空母は、搭載する艦上機への兵装・燃料補給能力を持っているが、洋上にある空母自体はどのように補給を行ったのだろうか。空母への洋上補給には、かつては輸送船が、現在は専用の補給艦や物資・兵員輸送用としてヘリコプター、艦上輸送機（アメリカ海軍のみ）が用いられている。

　第二次大戦では、各国とも徴用した民間の輸送船や軍用の量産型輸送船を流用・改良して空母等の軍艦に補給を行っていた。しかしこれらの輸送船は実用速度が15ノット以下と低く、空母や空母部隊の作戦行動に随伴するには適さなかった。そこで輸送船は空母からかなり後方に離れて護衛艦艇とともに**補給船団**を組み、戦闘等により燃料・弾薬を消耗した艦は前線から下がって補給船団のいる海域で補給を行ったのである。受給側の艦は輸送船の横に並ぶ形で停止し、燃料は**給送用ホース**を連結し、物資は輸送船側のデリック（クレーン）や滑車付きのワイヤーを連結して補給した。

　大規模な補給船団を編成できたのはアメリカ海軍のみといってよく、イギリスは主たる作戦海域が、海軍根拠地と近い本国周辺や地中海だったことから、そもそも大規模な補給船団を必要としなかった。太平洋でアメリカ海軍と戦った日本海軍も輸送船を用いて洋上補給を行ったが、アメリカのような大規模な補給システムは構築できなかった。なお、日本海軍は大戦末期に専用の空母部隊随伴補給艦を建造したが、その時には空母部隊そのものが壊滅状態だった。アメリカ海軍も専用補給艦の必要性は承知しており、戦後になって専用補給艦を開発。この艦は戦艦用の機関を搭載し、艦隊随伴が可能だった。

　現在では、空母運用主要国は洋上補給装備をもった補給艦を建造・運用している。現代の空母（他の艦種も）には受油機構が常備されており、また補給艦の給送機構には波による揺れを緩衝する機構が組み込まれ、一定速度で送油側と受油側が並行して航行しながら**洋上補給**を行う。

波浪の中で給油準備を急ぐアメリカ海軍補給艦『ネオショー』の艦上。給油ホースを引き出して補給準備を急ぐクルーたちの頭上には、ホースを吊り下げるワイヤーも見える。

給油ホースを渡している給油艦『ネオショー』。受油側は空母『ヨークタウン』。複数のワイヤーが渡されている様子が分かる。

現代補給艦の洋上給油システム

❶インボード・サドル、❷作業用メインマスト、❸アウトボード・サドル、❹スパン・ワイヤー、❺受油艦外壁、❻給油ホース

洋上補給では、まず給油艦から受油側にワイヤーを渡して拘束し、ワイヤーと繋がった給油ホースを渡して受油側の給油口と連結する。給油ホースにはサドルと呼ばれるワイヤー連結具が取り付けられており、そのワイヤーを複数の自在滑車で繋ぐことによって波浪による揺れを吸収する。

空母の洋上修理

損傷しても作戦継続可能に!?
工作艦による空母の機能回復

　戦闘や事故により、空母に修理の必要が生じた場合は、根拠地のドックに入渠して本格的な修理を行う。しかし太平洋のような広大な作戦域を持つ国では、造修設備を持つ根拠地は前線から遠い場合が多く、損傷の度合いによっては洋上で修理を施さなければ空母が自力で帰還できないこともある。そこで重要な役割を果たしたのが**工作艦**である。例えばアメリカの空母は生存性が高いことで知られるが、工作艦によって致命的な損傷から回復した例も少なくない。

　第二次大戦では、主要な空母運用国は艦隊の展開地域（太平洋戦域の場合、多くは島嶼）にある重要な根拠地・泊地に工作艦を配し、軍艦の修理にあたらせた。工作艦にはデリックのほか各種工作機械と補修材料が積み込まれ、単純な構造の部品や部位なら艦内で代替品を製作することも可能だった。本格的な造修施設を建設することが困難な島嶼部では、工作艦は艦隊戦力の維持や回復に欠かせない艦種だった。工作艦がなければ損傷艦は内地に帰らなければ整備・補修ができず、そこに大きな戦力の空白ができてしまうからだ。

　日本海軍が運用した『明石』は、アメリカ海軍から最重要攻撃目標として狙われたが、それは『明石』が日本の工作艦の中で最も新しい工作機材を搭載した高性能艦だったからで、損耗が激しい空母戦力の整備と回復に欠かせない艦であった。もちろん、徴用商船（特設艦）に工作機材を積んだ応急的な工作艦も各国で使用されたが、専用艦に比べると速度や設備の点で劣った。

　空母の場合、飛行甲板の損傷や多少の破口は自力で応急修理が可能という場合もあるが、エレベーターや機関の復旧といった本格的な修理は最低でも工作艦がなければ難しい。こうした修理に際しては、工作艦は損害を受けた艦に横付けし、必要であれば作業員の移動用通路を設置するなどして整備・補修を行う。アメリカのスーパー・キャリアは艦内にちょっとした工廠とも呼べる工作室があり、応急修理能力は非常に高くなっている。

1944年に撮影されたアメリカ海軍の主要根拠地の一つ、ニューヨーク海軍工廠。写真下中央に桟橋に横付けするエセックス級空母が見える。兵装更新や中〜大破状態からの機能回復にはこのような大規模な工廠が必要だが、大戦末期に前線で特攻機により大損害を受けたエセックス級の多くは、海軍工廠に戻るまでの間、工作艦の「支え」を受けている。

日本海軍の工作艦『明石』。トラック島に在泊して連合艦隊艦船の修理に従事し、大戦中期までアメリカ海軍と激戦を繰り広げた日本海軍の戦力維持に大きな貢献をした。

イギリスが第二次大戦後に就役させた空母『トライアンフ』は、のちに工作艦へと改修され、1960年代後半まで使われた。同国の空母戦力の縮小にともなって、このような大型工作艦は姿を消した。

技術導入で空母が変身？
新戦略と任務への対応

　根拠地に帰還した空母には、損傷の修理以外にも機能向上や改良に向けた工事が施された。第二次大戦で最も頻繁に行われたのはレーダー等の電波兵装の追加や更新で、対空兵装の増設も頻度の高い工事の一つであった。これらは主に艦隊防空の変化に対応した工事であったが、戦争が終わると空母には戦争中とは性質の異なる工事が施された。近代化改装と派生艦種への改造である。

　大戦後は経済回復が優先され、軍事費が限られた。艦上機ジェット化の時代に対応した空母を、新造ではなく大量に余った大戦型空母の利用と改修により得ることは、ある意味必然だったのである。また艦種変更は、冷戦による海軍戦略の変化に対応した新たな艦種が求められたのが理由だった。こうした改修・改造に適したのは艦隊空母だった。船体容積が大きく改修を受け入れやすいこと、機関出力が大きいことなどから、ある程度の重量増加に耐えられる。また新機種が導入される都合上、格納庫容積や高さに余裕が必要で、当時の艦上機ならばなんとか対応できたためである。

　近代化改修の代表的な例は、航空機運用能力の要である飛行甲板の耐熱性向上（高熱のジェット後流対策）、レシプロ機よりも重量が増加したジェット艦上機に対応する着艦装備の更新、アングルド・デッキへの改修等である。

　1960年代に入ると空母の大型化が急速に進み、近代化した大戦型空母も順次姿を消す。しかし、空母から派生した別艦種へと転身し、延命を果たした艦は多い。一例を上げれば、対潜哨戒機を搭載する対潜空母、支援空母等であり、これらの共通点は空母特有の飛行甲板の機能を生かせる改修であるという点だ（他に訓練用空母等）。第二次大戦では、空母が対潜、上陸支援任務で大きな役割を果たしており、こうした任務に対応する専用艦種の開発は空母をベースとするのが最も自然であった。これは戦後のアメリカ海軍が推し進めた「潜水艦戦力偏重のソ連海軍対策」「上陸侵攻作戦能力の強化」に合致したものだった。

近代化・艦種変更改修を受けた主なエセックス級空母

ジェット化に対応し、さらにアングルド・デッキの装備と、飛行甲板の全面改修を受けた『エセックス』。かつて対空戦闘に威力を発揮した5インチ両用砲も、相手がジェット化し、対応が困難になったこともあって撤去されている。

◀対潜空母に改修された『ワスプ（Ⅱ）』。1960年代の撮影。飛行甲板上には双発の対潜哨戒機が並んでおり、まるで爆撃機用の陸上基地のような有様になっている。

対潜空母に改造された『タイコンデロガ』。1970年頃の姿。早期警戒機と対潜哨戒機を載せて航行中であるが、1960年前後はレーダーの性能向上が著しく、この写真でも、上記の『ワスプ』と比べて、艦橋部などに装備するレーダー等に若干の差が見られる。

エセックス級空母の近代化改修の概略

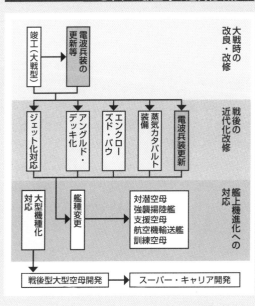

エセックス級空母は、戦後も多くが近代化改修を受けて生き残った。これは、戦後数年間の艦上機の大型化が、大戦機と極端な大きさの差を生まなかったことが大きい。しかし航空技術の発達により艦上機がさらに大型化すると、さすがに受容限度を超え、艦隊空母から別艦種に「転身」せざるを得なくなる。空母の攻撃力を決定する「艦上機」の進化が、その運用母体である空母の役割をも決したのである。

除籍・解体・転用

どんなに活躍してもやってくる空母の余生と終焉とは？

　どんなに優秀な空母にも寿命はある。空母がその運用限界に達する要因としては、戦闘での損傷（修理不能等）のほか、「性能的な限界」「機械的強度の限界」など様々な要素がある。運用に適さないと判定された空母には、「**退役**」が待っている。新造艦や他の空母と任務を交替し、現役から離れ「**予備役艦**」となるのである。予備役艦となった空母は、他艦種への改造や訓練用への転用が可能か否かの判定、他国や民間への売却も検討される。予備役期間中に動員がかかれば任務に参加することになるが、それが終われば予備役に戻る。予備役艦の次の運命は「**除籍**」で、ここでついに軍籍から抹消される。除籍されても一定期間は港湾施設に留め置かれ、その間に引き取り先が現れなければドックで解体され、スクラップとして売却されることになる。なお、通常動力を搭載する空母の場合は、一般的に船体と機関の解体が同一のドックで行われるが、原子力機関を搭載する空母では、原子炉は船体とは別に解体される。船体の解体だけで1年程度かかるが、原子炉は別途数年を要するといわれる。

　他国への売却が決まった空母は、そのまま引き渡されるのかというと実はかなりの工事が施されることが多い。主に行われるのはレーダーや管制装置、着発艦設備、武装といった装備の取り外しだ。これには技術流出を防ぐという意味のほかにもう一つ、買い取り相手国の技術・運用レベルに合わせるという意味合いが含まれている。技術流出に関しては、性能限界に達した空母の例ではないが、ロシアの重航空巡洋艦アドミラル・クズネツォフ級2番艦が中国に売却され、のちに中国が未装備だった着発艦装置の売却を求めたところロシアが一時的に引き渡しを凍結したという例もある。

　変わった転身先としては、博物館として艦容を保ったまま係留されているエセックス級空母3番艦『イントレピッド』の例があり、ニューヨーク市のイントレピッド財団の運営により航空機を中心とした展示が行われている。

連合軍の接収を待つ日本海軍の『葛城』。日本海軍が最後に完成させた空母だが、航空機ではなく戦地からの復員者を乗せ、翌年解体された。短く、予想外の余生を送った例である。

アメリカのエセックス級は、スーパー・キャリア登場までの海洋戦略を支え、軍艦として「充実した生涯」を送った艦が多かった。写真は解体される同型艦の『コーラル・シー』。飛行甲板が外されているため、その下の格納庫の様子が見えている。

ニューヨークの港の一角に固定停泊しているエセックス級の『イントレピッド』。現在は航空宇宙博物館の施設になっており、映画やドラマの撮影にも使われている。1974年の退役時までの最終的な艦種は「対潜空母兼軽空母」。同艦は現役中にも宇宙船のカプセル回収任務に従事するなど、空母としてはかなり変わった、そして幸福な余生を送っている艦といえるだろう。

C-6

視界を妨げる厄介者
煙と煙突対策

飛行甲板の上にたなびく煙は非常に厄介な問題だった。

　第二次大戦で活躍した大型軍艦のほとんどは、燃料(重油)を燃やして蒸気ボイラーで高熱・高圧の水蒸気を発生させ、タービンを高速回転させる「**蒸気タービン機関**」(外燃機関)を搭載していた。現在、大型艦船の一般的な動力機関となっている**ディーゼル**や**ガスタービン**といった内燃機関は、第二次大戦後に一般的になったものだ。ちなみに火力発電所や原子力発電所でも、燃料(水蒸気を発生させるための熱を得る材料)が異なるだけで、動力を取り出す段階で用いられているのは蒸気タービンである。

　第二次大戦中の大型艦は、一般的に煙突は艦の中心線上、ボイラーのほぼ真上に近い場所に配置されている。ところが空母の場合、飛行甲板が存在するため中心線上に配置ができない。そこで左右いずれかの舷側方向に配置するしかなく、艦内の**煙路**(排煙の通り道)は他の艦種より長かった。ボイラーからの排煙は高熱であり、戦艦並みの大型・高出力機関を積む空母の場合は煙路を断熱材で囲むなどの対策を徹底していた。また煙突からの排煙が艦後方にたなびき、着艦時の障害になることも問題で、様々な対策が講じられた。

　初期の空母では、日本の『鳳翔(ほうしょう)』のように航行時には煙突を立て、着艦時には倒しておく可倒式が採用された例もあった。しかしこの方法は機構が複雑で航空機運用時に煩雑な作業が加わるため、ほどなく固定式が一般的になる。最も多く採用されたのは、艦橋と煙突を一体化、または艦橋直後に個別配置する直立式で、アメリカやイギリスの空母の多くが採用している。また日本では舷側に煙突を出す舷側固定式が採用され、煙突後部舷側の対空火器の使用に支障がないよう、ポンプで海水を汲み上げ排煙と混ぜて下に落とす機構が組み込まれていた。日米開戦時に第一線にあった空母のほとんどがこの方法を採用していたが、この方式は荒天時に排煙口が海面に接触する恐れがあり、熱や煙も完全には解消しなかった。そこで開発されたのが艦橋一体型の煙突を傾ける**傾斜煙突**であった。これは排煙口を倒立式よりも外側に離すことができ、着艦時の視界不良や高熱の問題を解消する優れた方式だった。

第七章

空母のこれから

アメリカ一強の艦隊空母は、
新たな艦上機の登場で変革期を迎え、
さらに強襲揚陸艦の空母運用化という
トレンドも生まれつつある。

F-35による空母革命

空母の未来を変える革新機！F-35ライトニングⅡの登場

アメリカでは長らく、同様の任務に用いる機体であっても、空軍と海軍が別個に開発してきた（ただしベトナム戦時、時のマクナマラ国防長官が海軍機のF4ファントム、A7コルセアⅡ、A1スカイレイダーをコスト削減のため空軍に採用させた例はある）。だが、大国が総力を挙げて対立し合う東西冷戦が終結し、戦争の形態が非対称戦へと移行。従来の採算度外視で時代の最高性能の兵器を開発するという命題が、費用対効果を重視した兵器の開発へとシフトした。

そこでアメリカは、一国の空軍と海軍で使用する機体の統合だけでなく、同盟国における個別の開発計画によって生じるコストの無駄を削減すべく、国際的な開発計画（開発の各段階において8か国が参加）を1993年に立ち上げた。なお、この計画で開発される機体が後継の対象とされたのは、空軍の**F-16C/D**マルチロール機とA-10A対地攻撃機、海軍と海兵隊のF/A-18A〜Dマルチロール機とAV-8B戦闘爆撃機（**STOVL機**）である。

JSF計画（Joint Strike Fighter Programの頭文字。統合打撃戦闘機計画）と命名されたこの開発計画は、CTOL型に加えて、ほぼ同様の機体ながらSTOVL型も同時に開発するというもので、かつて世界で唯一成功した実用STOVL機ハリアー・シリーズの開発にかかった時間と技術的困難を考えると、その進歩はまさにパラダイムシフトといえる。しかもCTOL型は陸上機と艦上機が開発されるため、洋上運用（海軍的運用）の観点からは、従来のハリアー・シリーズではきわめて限定されていた、他の艦上CTOL機種とのパーツの互換性や整備の共通化などがより推進されることになった。

こうして誕生したのがロッキード・マーティン**F-35ライトニングⅡ**で、2018年現在すでにCTOL型陸上機**F-35A**とSTOVL型**F-35B**は実戦配備され、CTOL型艦上機**F-35C**も配備が始まっている。そしてこのF-35シリーズの出現が、従来の空母と艦上機の在り方に革命を起こすこととなった。

F-35を生んだ統合打撃戦闘機計画

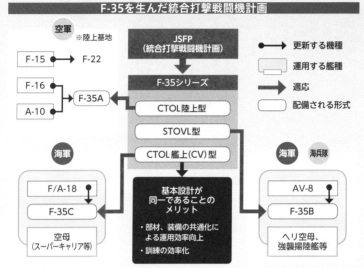

空軍 ※陸上基地

F-15 ⟶ F-22

F-16 ●
A-10 ● ⟶ F-35A

JSFP
（統合打撃戦闘機計画）

F-35シリーズ

CTOL陸上型

STOVL型

CTOL艦上(CV)型

● ⟶ 更新する機種

▢ 運用する艦種

⟶ 適応

▭ 配備される形式

海軍

F/A-18 ●

F-35C

空母
（スーパーキャリア等）

基本設計が
同一であることの
メリット

・部材、装備の共通化に
　よる運用効率向上
・訓練の効率化

海軍 **海兵隊**

AV-8 ●

F-35B

ヘリ空母、
強襲揚陸艦等

図は、統合打撃戦闘機計画により誕生したF-35シリーズ各型の適応対象を示したもの。空軍の主力戦闘機であるF-15のみ、F-22ラプターが更新するが、それ以外の広い範囲をF-35がカバーすることがわかる。このような同型機種による置き換えは、整備や運用面でのメリットも大きい。

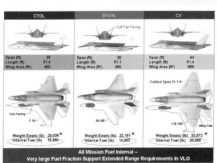

F-35各型と、それぞれが更新する現用機との比較。左からA型、B型、C型。F/A-18を更新する艦上機C型は、他の型よりも翼面積が広い。

F-35のパイロットが使用するヘルメットは、ヘッドマウント・ディスプレイ・システム（HMDS）と呼ばれ、情報投影機能を備え、バイザーに情報表示できるなど、多機能化されている。写真はイスラエルで開発されている最新の改良型「Gen 3」。

支援空母の有用性向上

ヘリ空母・強襲揚陸艦が台頭 スーパー・キャリアはむしろリスクに?

かつて唯一の実用 STOVL 機だったハリアーは、開発国イギリスの空軍と海軍の機体の**フォークランド紛争**での活躍がつとに有名だが、相手のアルゼンチン機は、CTOL 機ながらハリアーより古い世代の機種であった。もし同世代の CTOL 機と戦うとなると、通常飛行時には負荷となる STOVL 機構の悪影響により、同機の性能面での劣勢は避けようがなかった。つまりこれまでは、同世代の機種であるなら、STOVL 機は CTOL 機にかなわなくて当然だったのだ。

ところが、CTOL 型の **F-35C** も存在し、性能面で CTOL 型と大差のない STOVL 型 F-35B の出現は、この常識を過去のものとした。そして、STOVL 機しか運用できない**支援空母**や**強襲揚陸艦**の航空戦能力の飛躍的な向上を招くこととなった。

CTOL 機を運用する**スーパー・キャリア**に比べて、船体規模が小さいため艦上機の搭載機数が少なく、固定翼ジェット機は STOVL 機しか運用できない支援空母や強襲揚陸艦は、搭載機数の少なさだけでなく艦上機の性能も原因で、これまでは航空戦能力でスーパー・キャリアに劣って当たり前だった。ところが支援空母や強襲揚陸艦が、性能面で CTOL 型 F-35C とほとんど遜色のない STOVL 型 F-35B を搭載することで、艦上機の性能はスーパー・キャリアと対等になり、唯一劣っている点は 1 艦当たりの搭載機数が少ないだけ、というところまで「追いついた」のである。

というわけで、固定翼機を運用可能な飛行甲板を備えた「固定翼機のプラットフォーム」たる艦種のなかで、従来はスーパー・キャリアだけが備えていた「CTOL 機の優位性」が F-35B の登場によって失われた。その結果、1 隻沈められると多数の艦上機の運用が不能となるスーパー・キャリアよりも、搭載機数こそ少ないものの、建造費や維持費が安く汎用性も高い支援空母や強襲揚陸艦を多数建造したほうが有利だという発想も誕生している。

F-35の導入で何が大きく変わるのか?

〈スーパー・キャリア〉　　　　〈ヘリ空母・強襲揚陸艦〉※軽空母を含む

◀── スーパー・キャリアのメリットが大きい ──▶　ヘリ空母等のメリットが大きい
（メリットの大小を矢印の太さで示す）

●多数の機種・機数を運用　◀──────　●運用機種・機数が限られる
　　　　↓
●作戦対応が幅広い　◀──────　●作戦対応が限定的

●艦のダメージで作戦能力が　──────▶　●運用機数が少ないため、
　大きく削がれる可能性　　　　　　　　作戦への影響も限られる
●建造コストが高い　──────▶　●大型空母に比べ
　　　　　　　　　　　　　　　建造コストが小さい

●艦・航空機の運用・　──────▶　●大型空母を持てない
　維持のコストが高い　　　　　　　経済力でも運用が可能

F-35の導入による変化

F/A-18 ──兵装搭載力──▶ AV-8
　　　　 ──空戦能力──▶
　　　　 垂直離着陸能力▶

F-35C ──兵装搭載力──▶ F-35B
　　　　 ──空戦能力──▶
　　　　 垂直離着陸能力▶

F-35Cは、F/A-18にはないステルス性能も備える。またAV-8ハリアーは、速度、空戦能力や兵装搭載能力等の向上は限界であり、F-35に更新することにより、これを搭載可能な強襲揚陸艦等の艦艇の作戦対応力が大きく向上するメリットがある。

F-35Bを運用できる艦とは？
日本のひゅうが型にも期待が

いくら STOVL 機だからといっても、空母型の全通飛行甲板さえ備えていれば **F-35B** が運用できるというわけではない。艦自体が航空機の管制能力を有するのは当然として、飛行甲板には、F-35B の頻繁な離着艦に耐えられるだけの強度があり、同時に、直接吹き付けるエンジンのダウンブラストの高温の噴流に耐えられる表面処理が施されていること、この 2 点が、F-35B を艦上運用するうえでの最低限の条件となる。かような点を加味して、次に 2018 年現在のスーパー・キャリアを除く世界の F-35B 搭載可能艦を挙げておこう。

【アメリカ】**アメリカ級**及び**ワスプ級**の強襲揚陸艦。ただし後者は F-35B の運用に対応するための若干の改修が必要で、すでにそれが加えられた艦（『エセックス』『ワスプ』など）もある。

【イギリス】**クイーン・エリザベス級**空母

【イタリア】**カブール級**空母

【スペイン】**ファン・カルロス I 世級**強襲揚陸艦

【オーストラリア】**キャンベラ級**強襲揚陸艦

【タイ】**チャクリ・ナルエベト級**空母

【エジプト】**ガマール・アブドゥル・ナセル級**強襲揚陸艦

上記の中には、F-35B の運用に際して相応の改修が必要な艦も含まれる。

日本でも、**いずも型**ヘリコプター搭載護衛艦（同型艦 2 隻）における F-35B の運用と搭載の研究が始まっており、名称も、仮にではあるが「多用途防衛型空母」と呼ばれる艦艇の範疇に含まれていることが、2017 年末から 2018 年初頭にかけて公表された。だが、いずも型は少なくとも建造当初からオスプレイの運用は考慮されており、可能性として、F-35B の運用もはじめから視野に入れられていたかも知れない。また、**ひゅうが型**ヘリコプター搭載護衛艦（同型艦 2 隻）にも、必要な改修を施せば F-35B の運用能力を付与することができる。

F-35Bを運用可能な艦種

強襲揚陸艦

アメリカ級（アメリカ）

建造と運用が進められる最新の強襲揚陸艦。1、2番艦はウェルドックを持たないため、実質的にはヘリコプター揚陸艦。建造予算を抑える措置だったが、運用側からの不評を受けて4番艦から改善される。

ファン・カルロスⅠ世（スペイン）

既存の強襲揚陸艦を更新するために建造されたが、高い航空機運用能力を持ち、軽空母としての性格も持ち合わせた多任務対応能力に優れた艦。本艦をベースとした準同型艦をトルコが導入を検討中といわれる。

キャンベラ級（オーストラリア）

オーストラリア海軍最大の軍艦。姉妹艦の『アデレード』も就役している。スペインの『ファン・カルロスⅠ世』の準同型艦であり、F-35Bの導入は一度は否定されたが、今後の動向が注目されている。

クイーン・エリザベス級（イギリス）

イギリス海軍が保有する、過去最大級の排水量を誇る軍艦でもある。2番艦『プリンス・オブ・ウェールズ』は、財政難やF-35の開発遅延の影響で売却案等も出たが、イギリス海軍での運用に落ち着いた。

空母

軽空母

カブール級（イタリア）

軽空母だが、揚陸艦としての機能も備える独自設計の艦である。ウェルドックこそ持たないが、航空機用のハンガーに車両の搭載が可能で、右舷中央と艦尾に60トンまで対応するハンガーを備える。

艦上機の現在と未来

能力向上しながら合理化へ 空母の運用機種はこう変わる

　3-2 で記したように 2017 年現在、アメリカ海軍は CTOL 機の F/A-18E、同 F スーパーホーネットに、戦闘機、攻撃機、電子戦機（派生型の **EA-18G グラウラー**）、偵察機、空中給油機の任を担わせている。その結果、1 個空母航空団（Carrier Air Wing）はスーパーホーネット装備の戦闘攻撃飛行中隊 4 個とグラウラー装備の電子戦中隊 1 個に若干数の E-2D アドバンスドホークアイ早期警戒機と C-2 グレイハウンド艦上輸送機、さらに MH-60 系ヘリコプターで編成されており、整備や補給というハード面だけでなく、搭乗員や整備員の訓練というソフト面でも著しい合理化が達成された。

　現在のところ **F-35C** は古い F/A-18A ～ D ホーネットの後継として配備されることになっているが、将来的には、現状のスーパーホーネットと類似した運用が、当然ながら行われると思われる。

　一方、1964 年の初飛行以来、地味ながら空母航空団の重要な「縁の下の力持ち」役を担ってきたグレイハウンドの後継として、オスプレイの海軍型 **CMV-22B** の採用が決まった。同機はティルトローター機であるため、グレイハウンドには不可能だった強襲揚陸艦などへの離着艦も可能だ。そこでこのような特徴を生かして、陸上基地とスーパー・キャリアをつなぐ単なる艦上輸送機としてのみならず、コンバットレスキューなどの各種救難任務に加えて特殊作戦の支援、さらには空中給油も行うことになっているという。

　一方、**ドローン**と通称される **UCAV**（Unmanned Combat Air Vehicle の略。無人戦闘攻撃機）の海軍における空母運用は、試作機ノースロップ・グラマン **X-47B** ペガサスを用いた各種試験によってすでに実証済みだ。だがこの X-47B の開発計画は中止され、代わりに **MQ-25 無人偵察機**とその空中給油機型の **RAQ-25** の開発が決まったという。しかし、かつてのロッキード F117 ナイトホークのように、X-47B の開発が秘密裡に継続されている可能性も考えられる。

F-35Cが担う役割

F/A-18E、Fスーパーホーネット

艦上型であるF-35Cは、既存のF/A-18各型が担っているほとんどの任務を代替することができる。空戦に関してはF/A-18が持たないステルス性能を備えたF-35Cにアドバンテージがあるという。また、防御用電子戦装備も優れており、EA-6Bプラウラーの任務を代替可能な性能を持つといわれる。将来的には、より高度な電子戦能力を持つグラウラーをも代替対する可能性がある。

F/A-18各型の
空母における主な任務

- 対空戦闘
- 対艦・対地攻撃
- 偵察
- 空中給油
- 電子戦 (専用型)

EA-18Gグラウラー

F-35Cライトニング II

F-35の派生型?

CMV-22Bが担う役割

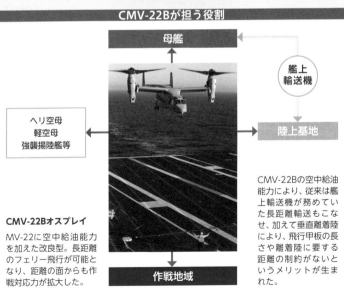

母艦

艦上
輸送機

ヘリ空母
軽空母
強襲揚陸艦等

陸上基地

CMV-22Bオスプレイ

MV-22に空中給油能力を加えた改良型。長距離のフェリー飛行が可能となり、距離の面からも作戦対応力が拡大した。

CMV-22Bの空中給油能力により、従来は艦上輸送機が務めていた長距離輸送もこなせ、加えて垂直離着陸により、飛行甲板の長さや離着陸に要する距離の制約がないというメリットが生まれた。

作戦地域

217

空母運用の拡大

F-35Bによる同盟国間の空母飛行甲板の共用も可能に

　F-35 シリーズは、当初から国際開発協力が行われたことでもわかるように、アメリカと友好関係にある国々での導入が見込まれている。すでに採用を決めているのは本家のアメリカ以下、イギリス、日本、イタリア、オーストラリア、イスラエル、オランダ、ノルウェーで、採用を予定しているのはデンマーク、トルコ、韓国。採用を検討中なのがカナダ、シンガポール、中華民国である。このうち、F-35B は 2018 年現在、アメリカ、イタリア、イギリス、日本、トルコ、中華民国が採用済みまたは採用を検討中だ。

　既述のごとく、F-35 シリーズは国際協力によって開発されたため、従来の機体のように開発した国でなければ重整備（大規模整備）ができないわけではなく、一部の特殊な整備を除いたほとんどの整備をアジア、オセアニア、ヨーロッパにそれぞれ設けられた技術拠点で実施することができる。また、CTOL 型と STOVL 型の違いこそあれ、F-35A と F-35B の整備にはかなり共通性があるので、F-35A で培われた整備技術をもってすれば F-35B の整備への習熟は容易である。そしてこのような理由から、F-35A 運用国があとから F-35B を導入するのは決して難しいことではない。

　F-35 シリーズを取り巻くこれらの状況から推察できるのは、強襲揚陸艦を保有するアメリカ寄りの国々の多くが、いずれ F-35B を導入するのではないかということ。そしてもしそうなっても、同盟国同士の支援空母なり強襲揚陸艦であれば、燃料や兵装の補給から整備に至るまで、互いの飛行甲板を融通し合うことが容易にできるため、国際協力の足並みを揃えやすい。

　すでに NATO においては、アメリカの強襲揚陸艦とイギリスの**クイーン・エリザベス級空母**が飛行甲板を融通し合あっており、いずれ日本でも、いずも型における F-35B の自主運用に加えて、アメリカの同機と飛行甲板を融通し合うことも行われるものと思われる。

F-35の開発と導入・運用に関わる国々

導入国/機種	F-35A	F-35B	F-35C
アメリカ	● 空軍	● 海軍	● 海軍/海兵隊
イギリス		● 空軍/海軍	
オランダ	● 空軍		
イタリア	● 空軍	● 空軍/海軍	
カナダ	● 空軍		
オーストラリア	● 空軍		
ノルウェー	● 空軍		
デンマーク	● 空軍		
イスラエル	● 空軍		
シンガポール		● 全型式検討	
日本	● 航空自衛隊	● 航空／海上自衛隊	
韓国	● 空軍※		
中華民国		● 空軍	
トルコ	● 空軍※	● 海軍	

主開発国
開発パートナー
保全協力パートナー

● 運用・導入決定
● 導入予定
● 検討中
※ 少数機による訓練を実施

凡例

▶ スーパー・キャリアー
保有

▌ STOVL機を運用可能な
フラッシュ・デッキ艦保有

図は、F-35の開発に関わる国々と、各型の導入状況である。主たる開発国アメリカのほかに、開発に協力するパートナー国(関わり方の度合いでレベル分けされている)、そして整備等に協力を表明している保全協力パートナーが多数あり、単に「アメリカが作って売る」だけではない航空機であることがわかる。日本では航空自衛隊での導入が始まっているが、全通甲板を持つ護衛艦での運用が現在検討されており、島嶼防衛等における準空母的運用を意図したものとして海外からも注目されている。

V-22オスプレイの開発と導入

もうひとつの革命的航空機
ティルトローターの猛禽、オスプレイ

F-35B と同じく画期的航空機とされながらも、事故のたびに何かと論争に晒される **V-22 オスプレイ** もまた、艦上機に革命をもたらした航空機といえる。

ヘリコプターは、垂直離着陸できることが最大の長所な反面、飛行速度、航続距離、上昇限度の 3 点すべてが CTOL 機に大きく劣った。そこで、ヘリコプターの長所と CTOL 機の長所を兼ね備えた機体の開発が、1950 年代初頭（ただし航空機メーカーによる基礎研究は 1940 年代から開始されていた）に軍によって始められた。そして 1950 年代に研究開発されたベル XV-3 というティルトローター試験機を起点に、1970 年代に研究開発された XV-15 を経て、1980 年代に JVX 開発計画（Joint service Vertical take-off/landing eXperimental の略）がスタート。同計画が結実して誕生したのが V-22 オスプレイである。

オスプレイの量産は 1994 年に決定した。アメリカ軍の比較調査によれば、同機は一般的なヘリコプターに比べて速度で約 2 倍速く、航続距離では約 5 倍長い。また飛行高度は約 3.5 倍高く、行動半径は約 3.5 倍広く、搭載量は約 3 倍大きいという、まさに「ヘリの長所を備えつつ、CTOL 機へと近づいた航空機」ティルトローター機だ。そのため、ヘリコプターの任務のかなりの部分を、オスプレイが引き継ぐことになった。特に、敵前上陸や内陸侵攻といった作戦時の地上兵力の輸送の効率化に大きく貢献。ゆえにこのような任務を主とする海兵隊は、同隊向けオスプレイの MV-22 シリーズを重用している。また空軍は、コンバットレスキューや特殊作戦用として CV-22 シリーズを採用した。

そして海軍は、オリジナルよりも航続距離が延伸され、コンバットレスキューに対応し、他機への空中給油能力も備えた **CMV-22B** の採用を決めている。

とはいえ、ティルトローター機の特徴から、海軍機のみならず海兵隊機であろうが空軍機であろうが、任務に応じて軍種を超えたオスプレイが陸上基地に加えて、空母または強襲揚陸艦の飛行甲板を利用することになっている。

ティルトローター/ティルトウイング機への挑戦者たち

XV-3 ◎ ◯

↑ベル・ヘリコプター社が、アメリカ空軍と陸軍の要望で開発したティルトローター双発機。1955年に試作機が完成。ティルトローターに分類されているが、主翼も動く機構だった。

↑VZ-2 ◎

バートル社がアメリカ陸軍の依頼で1957年に完成させたティルトウイング機。開発にはアメリカ航空宇宙局(NASA)も関わっていた。可変機構部分はフレームがむき出しになっており、実験機らしさがにじみ出ている。

↑X-18 ◎

アメリカ空軍がティルトウイング機の実験のためヒラー社に開発を依頼した機体。1959年完成。写真の人物との比較でもわかるようにかなりの大型機だが、飛行までには至らず、地上での可変機構の実験に使われた。

↑X-19 ◎ 海 ◯

三軍共同で開発に関わったカーチス・ライト社のティルトローター機。1963年試作機完成。胴体の形状は航空機そのもので、主に連絡機、軽輸送機のVTOL化を目的としていた。

↑XC-143 ◎ 海 ◯

ヴォート社と三軍共同開発のティルトウイング機。1964年に試作機完成。初の4発機で、オスプレイの先祖ともいえる機体だが、開発自体には成功したものの実験機の域を出なかった。

V-22の開発に至るまでには、数多くのVTOL実験機が存在した。多くは、ローターとエンジンナセルが固定された主翼が可変するティルトウイング式で、いずれも実験機に終わったが、1971年にNASAが計画しベル社が開発したXV-15ティルトローター機が良好な結果を示し、やがてV-22開発へとつながっていった。

↑X-22 海

ベル・エアクラフト社が1966年に試験飛行させたダクテッドファン式ティルトウイング機。1988年まで試験飛行が行われ、VTOL機開発の貴重なデータが集積されたが、発展型や改良型の開発には至らずに終わった。

未来の空母

将来の空母像は
「強襲揚陸艦の空母化」

現在、CTOL機を運用する**スーパー・キャリア**を有するのはアメリカのみ。一方でそのアメリカは、ハリアーよりも高性能のF-35Bを実用化したことで、「強襲揚陸艦の空母化」をさらに推し進めている。この流れを受けて建造されたのが、2014年に就役したアメリカ級強襲揚陸艦だ。同級は、前級のワスプ級8番（最終）艦『マキン・アイランド』までに盛り込まれた各種機能のうち、特に航空運用能力を強化して誕生したが、同級が備えていた海上からの揚陸に不可欠な**ウェルドック***が廃止された。しかし上陸作戦を主任務とする海兵隊がこれを嫌い、アメリカ級の4番艦からはウェルドックが復活する予定だ。そしてこのウェルドックが復活した後の改アメリカ級こそが、スーパー・キャリアを持たない（持てない）国々にとって、1隻で空海の上陸作戦に加えて航空掩護までが可能な、理想的な「強襲揚陸艦プラス空母」の姿となりそうだ。

大国同士が総力を挙げてぶつかり合う全面戦争の可能性がほとんど解消され、低烈度戦争や非対称戦が主流の21世紀においては、当のアメリカ自らも、状況によってはスーパー・キャリアを派遣せずとも強襲揚陸艦の投入で「事が済んでしまう」事態を想定しているという。このようなことを可能にしたのが、F-35Bとオスプレイという画期的な航空機の登場なのである。

作戦開始直後、まずは制空戦闘向け兵装を搭載したF-35Bが戦場上空の航空優勢を確保。そして、この航空優勢を継続維持するために必要な機数以外のF-35Bが、上陸する地上部隊への航空支援を実施。当然ながら地上部隊の上陸は海からだけでなく、オスプレイを用いて空からも行われるが、これを護衛するのはもちろんF-35Bだ。もし「自前の航空戦力」だけでは不足となれば、スーパー・キャリアも必要となろう。だが、複数の改アメリカ級（あるいは同級に準ずる性能の艦）を投入可能なら、航空支援任務に重点を置くべくF-35Bの搭載機数を増やした艦を、その中に含めることで問題は解決できる。

＊ウェルドック＝艦艇の船尾に設置されるドック式格納庫。

All about aircraft carrier

空母化した強襲揚陸艦が担う役割

スーパー・キャリア

多数の航空機を運用可能で作戦能力も高いが、建造・運用コストが高く、現状の運用国はアメリカのみ。

強襲揚陸艦

航空機運用能力はスーパー・キャリアに劣るが、複数艦で数的な補完は可能。建造・運用の経済的負担も少ない。

強襲揚陸艦

CMV-22

F-35B

制空・航空支援

ヘリボーン・輸送

LCAC

揚陸・輸送

上陸部隊

図は強襲揚陸艦が空母化することにより担うことになる役割を示す。本来のLCAC(エアクッション揚陸艇)等を用いた作戦部隊の上陸・輸送任務に加え、ハリアーよりも任務対応力が高いF-35Bによる各種支援(ほかに搭載する攻撃ヘリによる対地攻撃・支援も加わる)や、輸送力と速度・航続力が高いCMV-22オスプレイによる輸送等、強襲揚陸艦の作戦対応力は大きく向上すると考えられている。作戦範囲の拡大や敵の反撃による増援の必要性が生じた場合は、従来はスーパー・キャリアを中心とする規模の大きな戦力の投入が考えられたが、強襲揚陸艦を複数所有(スーパー・キャリアと比較すれば、その建造・運用コストはかなり抑えられると考えられている)すれば、効果的な支援が可能となる。

● 作戦目標
◀ 作戦部隊
◀ 敵航空部隊
◀ 作戦支援(増援)

C-7

現代空母に搭載される
戦力とは？

日本に駐留するスーパー・キャリアの航空戦力

　現代のアメリカ空母に搭載される航空部隊は空母航空団（Carrier Air Wing）と呼ばれ、略号としてCVWと表記する。1個CVWには、様々な機種で構成される数多くの飛行隊が参加する。現代のスーパー・キャリア1隻に搭載される飛行隊の一例を示すと以下のような構成になる。

- ●戦闘飛行隊1個（F/A-18E/F、計14機）
- ●戦闘攻撃飛行隊1個（F/A-18E/F、計14機）
- ●戦闘攻撃飛行隊2個（F/A-18C、各12機・計24機）
- ●電子攻撃飛行隊1個（EA-6BまたはEA-18G、計4機）
- ●早期警戒飛行隊1個（E-2C、計4機）
- ●輸送飛行隊1個（C-2A、計4機）
- ●ヘリコプター対潜飛行隊1個（SH-60Fほか計7機）　計71機

　空母航空団は、常に空母艦上あるわけではなく、例えば日本の横須賀に基地を置いていた『ジョージ・ワシントン』に所属する第5空母航空団（CVW-5）は、神奈川県厚木基地に展開しており、陸上基地と母艦を使って訓練等を行っている。この訓練飛行が原因の騒音や事故が、米軍基地を抱える諸地域で問題になっているのは周知の通りだ。第5空母航空団は、アメリカ海軍空母航空団で唯一、アメリカ本土以外に基地を置いている部隊であった。ちなみに『ジョージ・ワシントン』は第7艦隊戦闘部隊の中核で、同部隊は第7艦隊水上戦部隊と第5空母打撃群（ジョージ・ワシントン打撃群）から成る。本艦には第7艦隊戦闘部隊の司令部が置かれ、アジア戦略の一翼を担う重要な空母戦力と位置付けられていたが、2015年に『ロナルド・レーガン』と交代した。昨今、中国海軍の増強とあからさまな外洋進出の意思表示を受け、アメリカ海軍の中国海軍への牽制もエスカレートしており、こうした情勢を踏まえて、第7艦隊の存在感は今後も高まることだろう。

索 引

索引

●主要参考文献

"Warship" 各巻

"Dictionary of American Naval Fighting Ships" 各巻

"Sea Classics" 各巻

"United States Naval Vessels-The Official United States Navy Reference Manual Prepared by Naval Intelligence 1 September 1945"

Norman Friedman "U.S. Aircraft Carriers"

"The Design and Construction of British Warships" 各巻

Norman Polmar "Aircraft Carriers"

Mark Stille "U.S. Navy Aircraft Carriers 1922-1945 Prewar Classes"

Mark Stille "U.S. Navy Aircraft Carriers 1942-1945 WW2-Built Ships"

Angus Konstam "British Aircraft Carriers1939-1945"

Al Adcock "Escort Carriers in action"

Michael C. Smith "U.S. Light Aircraft Carriers in action"

Robert Stern "U.S. Aircraft Carriers in action Part1"

Michael C. Smith "Essexs Class Carriers in action"

Al Adcock "On Deck USS Lexington(CV-16)"

"Warship's Battle Damage 1:USS Hornet CV-8"

Robert F. Sumrall "USS Lexington(CV-11)"

Steve Ewing "The Lady Lex and the Blue Ghost"

Nathan Miller "Naval Air War 1939-1945"

白石光『アメリカ海軍航空母艦80年史』

岡田幸和、太平洋戦争研究会『ビッグマンスペシャル・航空母艦』

野原茂『空母機動部隊の打撃力』

柿谷哲也『世界の空母』

豊島実『米空母キティホーク』

『航空情報別冊:アメリカ最新空母インデペンデンス』

田中嵯武朗『悲劇の英空母に捧ぐ』

『現代スーパーキャリアのすべて:原子力空母』

『別冊ベストカー・空母マニア!』

『別冊歴史読本:空母機動部隊』

坂本明『大図解:世界の空母』

坂本明『世界の傑作機別冊:世界の空母』

坂本明『世界の水上戦闘艦』

ドナルド・マッキンタイアー著、寺井義守訳『第二次世界大戦ブックス8:空母』

遠藤昭『第二次世界大戦ブックス99:空母機動部隊』

アルフレッド・プライス、ジェフリー・エセル著、江畑謙介訳『空戦フォークランド』

H・T・レントン著、堀元美訳『世界の軍艦』

佐藤和正『空母入門』

大内健二『護衛空母入門』

『丸Graphic Quarterly 写真集米国の空母』

『丸Graphic Quarterly 写真集英国の空母』

『丸スペシャル』各巻

『世界の艦船』各巻

『航空ファンイラストレイテッドNo.77:アメリカ海軍空母史』

『航空ファンイラストレイテッドNo.97:アメリカ海軍空母』

ゲーリー・L・キーファー、ケン・クック撮影『写真集原子力空母ステニス世界一周6カ月の記録』

トム・クランシー著、町屋俊夫訳『トム・クランシーの空母（上）（下）』

『世界の傑作機』各巻

上田信『大図解・世界の武器』各巻

『歴史群像　太平洋戦史シリーズ』各巻

『歴史群像シリーズ　決定版・太平洋戦争』各巻

野原茂『世界のジェット戦闘機』

野原茂『日本海軍零式艦上戦闘機』

野原茂『イギリス軍用機集1931～1945』

野原茂『アメリカ海軍機1909～1945』

野原茂『日本陸海軍爆撃機・攻撃機1930～1945』

野原茂『日本陸海軍偵察機・輸送機・練習機・飛行艇』

ほか、多数。

【写真協力】
U.S.NAVY、National Archives、野原茂、ST・Photo Bank、K-3

【イラスト・作図】
●坂本　明
P33、93、97、101、119、124、145、162、173、179、197

●渡部　篤
P15、143

●野原　茂
P13、61、65、69、71、73、141、173

[著者] 白石 光（しらいし ひかる）

戦史研究家。歴史群像「太平洋戦争シリーズ」、「欧州戦史シリーズ」、隔月刊「歴史群像」（以上、小社）、月刊「世界の艦船」（海人社）、「世界史人」（KKベストセラーズ）、季刊「ミリタリー・クラシックス」（イカロス出版）、月刊「パンツァー」（アルゴノート社）などに記事多数を執筆。戦争映画にも造詣が深く『ブラックホーク・ダウン』、『アメリカン・スナイパー』、『ゼロ・ダーク・サーティ』、『ハクソー・リッジ』、『ダンケルク』、『ミッドウェイ』など話題となった作品の公式プログラムへの寄稿多数。『第二次世界大戦映画DVDコレクション』（KADOKAWA）の総監修も務める。著書には『連合艦隊司令長官山本五十六機撃墜指令』（ダイアプレス）、『第二次大戦の特殊作戦』、『同2』、『第一次大戦小火器図鑑1914~1918』（以上、イカロス出版）、『世界の銘艦ヒストリア』、『同2』（以上、大日本絵画）、『歴群図解マスター・戦闘機』、『同戦車』、『同潜水艦』、『ヒーローたちのGUN図鑑HYPER』、『決定版・世界の特殊部隊100』（以上、小社）などがある。また、観賞魚専門雑誌編集長と観賞魚専門学校学院長を長年務め“アクアホビー・プランナー”という別の顔も持つ。

- -

[著者] おちあい熊一（おちあい ゆういち）

ミリタリー・ライター、編集者。第一次・第二次大戦から現代の兵器を中心とした解説執筆と書籍編集をメインに、漫画原作等を手がける。『零戦激闘伝説 謎101』（解説）、『自衛隊 WARS201X』（構成・原案）、『零戦 荒鷲の凱歌』（原案・原作）、『鉄十字の虎』（解説）、『海軍攻撃隊』（解説）、『決定版 世界の秘密兵器 FILE』（共著）、『決定版 世界の最強兵器 FILE』（構成・執筆）ほか（いずれも小社）。

図解でわかる！ 空母のすべて

2018年9月5日　第1刷発行
2021年7月27日　第5刷発行

著　者：白石　光・おちあい熊一

発行人：松井謙介
編集人：長崎　有

編集長：星川　武
編　集：細田　浩（スタジオ・とき）
装　幀：飯田武伸

発行所：株式会社 ワン・パブリッシング
　　　　〒110-0005 東京都台東区上野3-24-6

印刷所：岩岡印刷株式会社

この本に関する各種お問い合わせ先

◉ 内容等のお問い合わせは、下記サイトのお問い合わせフォームよりお願いします。
　　https://one-publishing.co.jp/contact/
◉ 不良品（落丁、乱丁）については　　　TEL 0570-092555
　　業務センター 〒354-0045 埼玉県入間郡三芳町上富 279-1
◉ 在庫・注文については書店専用受注センター　　TEL 0570-000346

ワン・パブリッシングの書籍・雑誌についての新刊情報・詳細情報は、下記をご覧ください。

https://one-publishing.co.jp/　　■ 歴史群像ホームページ　https://rekigun.net/

図解でわかる！ 戦車のすべて

白石 光 著

B6判・232ページ／定価**858**円（税込）

歴史、構造から戦いまで！ "鋼鉄の猛獣"を詳解

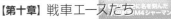